Sandeep Soni

Simulação e controlo da planicidade das chapas de aço em processo de laminagem a quente

Sandeep Soni

Simulação e controlo da planicidade das chapas de aço em processo de laminagem a quente

ScienciaScripts

Imprint

Any brand names and product names mentioned in this book are subject to trademark, brand or patent protection and are trademarks or registered trademarks of their respective holders. The use of brand names, product names, common names, trade names, product descriptions etc. even without a particular marking in this work is in no way to be construed to mean that such names may be regarded as unrestricted in respect of trademark and brand protection legislation and could thus be used by anyone.

Cover image: www.ingimage.com

This book is a translation from the original published under ISBN 978-613-9-89170-2.

Publisher:
Sciencia Scripts
is a trademark of
Dodo Books Indian Ocean Ltd. and OmniScriptum S.R.L publishing group

120 High Road, East Finchley, London, N2 9ED, United Kingdom
Str. Armeneasca 28/1, office 1, Chisinau MD-2012, Republic of Moldova, Europe
Printed at: see last page
ISBN: 978-620-5-65185-8

Índice:

AGRADECIMENTO ANUAL

Estou muito grato ao meu guia de projectos, **Sr. Sandeep Soni**, Professor Assistente do Departamento de Engenharia Mecânica, SVNIT, Surat. A sua inestimável orientação, discussão crítica, apoio motivacional e constante encorajamento ajudaram-me ao longo deste programa de dissertação e durante a preparação da tese.

Gostaria de agradecer ao meu PG-In Charge **Dr. Shailendra Kumar** que tirou tempo da sua atarefada agenda e me ajudou com a cooperação e orientação para a preparação e apresentação do projecto.

Também gostaria de agradecer ao Professor e chefe de departamento **Dr. H.J. Nagarsheth** por me fornecer a orientação e as instalações para o trabalho.

Os meus agradecimentos são devidos a todos os meus colegas e amigos, que estiveram sempre ao meu lado e mantiveram o meu bom humor durante todo o curso do estudo.

Finalmente, registo a minha permanente gratidão pela fé e apoio das pessoas com quem realmente trabalhei e vivi - os meus Queridos Pais e Família. Agradeço humildemente a Deus por cada sucesso na minha vida.

Praveen Chandrakar (P12IP010)

M.Tech (Design de Equipamento de Processo Indusrial)

ABSTRACT

A laminagem é definida como um processo em que o metal é formado através de um par de rolos giratórios com barris lisos ou ranhurados. O metal muda gradualmente de forma durante o período em que está em contacto com os dois rolos. A laminagem é uma técnica de trabalho mecânico importante e mais amplamente utilizada. Um laminador é uma máquina complexa para deformar metal em rolos rotativos e realizar operações auxiliares tais como transporte de material para rolos, eliminação após laminagem, corte, arrefecimento, fusão. A laminagem a quente é um processo industrial essencial na produção de chapa de aço, um produto amplamente utilizado no fabrico e na construção.

Em comparação com outros métodos de análise do processo de laminagem, o método de elementos finitos é o mais prático e preciso, pelo que se considera um modelo de elementos finitos de plástico termo-elástico tridimensional acoplado para analisar o processo de laminagem a quente. Na presente investigação, a influência da modelação e simulação de vários parâmetros tais como a geometria da laje, temperatura, fricção entre rolos de trabalho e laje, percentagem de redução da espessura, velocidade de rotação do rolo de trabalho foram estudados no processo. Saídas como tensão, deformação e variação de velocidade foram obtidas através de diferentes entradas. As saídas da simulação de elementos finitos são utilizadas para investigar os efeitos dos parâmetros na integridade do produto e nas propriedades mecânicas.

Durante a laminagem o plano é mantido dentro das tolerâncias pelo sistema de controlo do plano, o objectivo importante deste trabalho é estudar o controlo do plano e melhorar a qualidade do produto laminado no laminador a quente. O HAGC (sistema de controlo automático hidráulico de calibragem) é definido como um sistema de controlo do equipamento do laminador de linha para assegurar a espessura dos produtos laminados de modo a cumprir as tolerâncias alvo. Todo o trem de laminagem em stand by (desbaste e acabamento) equipado com tempo de reacção curto, repetição do cilindro hidráulico de curso longo e posicionamento de alta precisão (sem parafuso de pressão), espessura da fita pode atingir alta precisão. Depois de utilizar um cilindro hidráulico de curso longo, pode melhorar significativamente a precisão de controlo e a capacidade de resposta dinâmica, e reduzir significativamente o comprimento da zona de tolerância da espessura da fita.

CAPÍTULO 1

INTRODUÇÃO

1.1 Introdução

Definição de Rolling: O processo de deformar plasticamente o metal, passando-o entre rolos.

> A laminagem é o processo de conformação mais utilizado, que proporciona uma produção elevada e um controlo rigoroso do produto final.

> O metal é sujeito a altas tensões compressivas como resultado do atrito entre os rolos e a superfície metálica.

Os processos de laminagem podem ser divididos principalmente em **laminagem a quente** e **laminagem a frio.**

1.1.1 Laminagem a quente

A decomposição inicial dos lingotes em florações e biletes é geralmente feita por laminagem a quente. Segue-se a laminagem a quente em chapa, folha, vara, barra, tubo, trilho.

1.1.2 Laminagem a frio

A laminagem a frio de metais tem desempenhado um papel importante na indústria, fornecendo chapas, tiras, folhas com bons acabamentos superficiais e maior resistência mecânica com controlo apertado do produto.

PISCINA QUENTE   PISO FRIO

1.2 Tipos de laminadores

Os laminadores podem ser classificados de acordo com o número e a disposição dos rolos.

1. Dois altos trens de laminagem
2. Três altos trens de laminagem
3. Quatro altos trens de laminagem

4. Laminadores tandem

5. Laminadores de aglomerado

Dois altos trens de laminagem

Dois altos trens de laminagem podem ainda ser classificados como

> Moinho de inversão de marcha atrás

> Moinho sem inversão de marcha

Um laminador de dois rolos altos tem apenas dois rolos.

> **Dois moinhos com alta inversão de marcha:**

Em dois laminadores de alta inversão, os rolos rodam numa direcção e depois na outra, para que o metal laminado possa passar para trás e para a frente através dos rolos várias vezes. Este tipo é utilizado em moinhos de prumo e de placas e para trabalhos de desbaste em moinhos de chapa, carril, estruturais e outros.

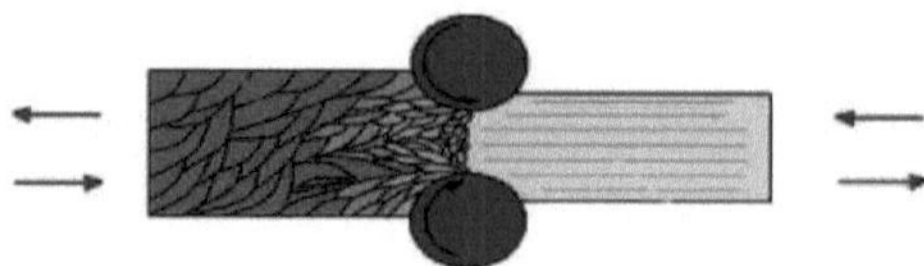

Fig.1.2 Dois moinhos de inversão de marcha atrás [2]

> **Dois moinhos altos sem inversão de marcha:**

Em dois moinhos de alta não reversão como dois rolos que giram continuamente na mesma direcção, podendo assim ser utilizada uma força motriz mais pequena e menos dispendiosa. No entanto, cada vez que o material deve ser transportado de volta sobre a parte superior do moinho para passar novamente através dos rolos. Tal disposição é utilizada em moinhos através dos quais a barra passa uma vez e em moinho de placas de trem aberto.

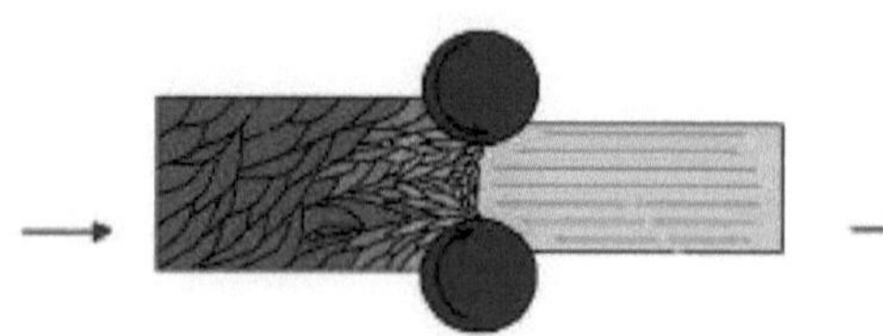

Fig.1.3 Dois moinhos altos sem inversão de marcha [2]

Três altos trens de laminagem:

Consiste num suporte de rolos com três rolos paralelos um por cima do outro. Os rolos adjacentes rodam em direcção oposta. Para que o material possa ser passado entre o rolo superior e o médio numa direcção e os rolos inferiores e médios em direcção oposta. Em três cilindros altos, a peça de trabalho é laminada tanto na passagem de avanço como na de retorno. A peça de trabalho passa pelos rolos inferior e médio e o retorno entre os rolos médio e superior.

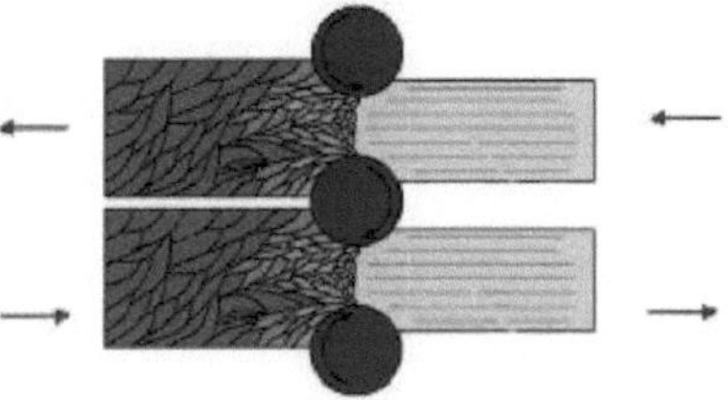

Fig.1.4 Três laminadores de alta velocidade [2]

Para que a espessura seja reduzida em cada passagem. São utilizadas mesas elevadas operadas mecanicamente que se movem verticalmente ou de ambos os lados do suporte, de modo a que a peça de trabalho se introduza automaticamente no espaço do rolo. Uma vez que os rolos funcionam numa direcção, só é necessário um motor muito menos potente e um sistema de transmissão. Os rolos de três laminadores altos podem ser lisos ou ranhurados para produzir chapas ou secções, respectivamente.

Quatro altos trens de laminagem:

Tem um suporte de rolos com quatro rolos paralelos um por cima do outro. Os rolos superiores e inferiores rodam em direcção oposta, tal como os dois rolos médios. Os dois rolos médios são de menor tamanho do que os rolos superiores e inferiores, que são chamados rolos de reserva por fornecerem a rigidez necessária aos rolos mais pequenos.

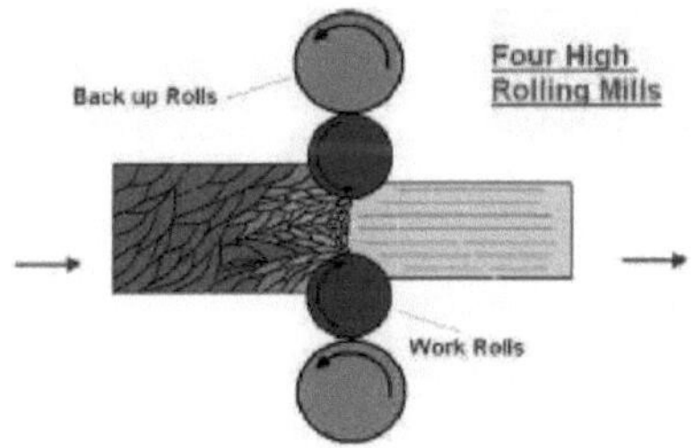

Fig.1.5 Quatro laminadores de alta velocidade [2]

Laminadores tandem:

É um conjunto de dois ou três suportes de rolo em alinhamento paralelo. Para que uma passagem contínua possa ser feita através de cada um sucessivamente com a mudança da direcção do material.

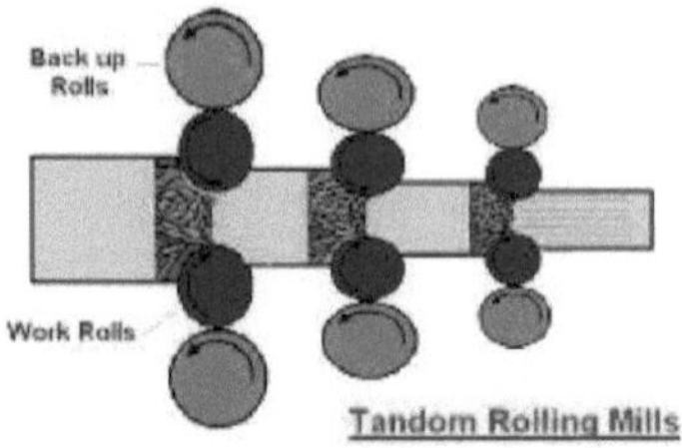

Fig.1.6 Laminador tandem [2]

Laminadores de aglomerados:

Trata-se de um tipo especial de quatro laminadores de alta velocidade, em que cada um dos dois rolos de trabalho é apoiado por dois ou mais dos maiores rolos de apoio para laminar duramente em materiais. Pode ser necessário utilizar rolos de trabalho de diâmetro muito pequeno mas de comprimento considerável. Nesses casos, é possível obter rolos de trabalho adequados utilizando um laminador de aglomerados.

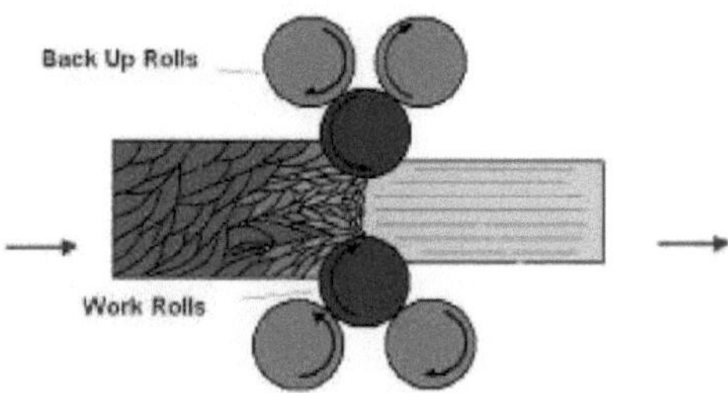

Fig.1.7 Laminador de aglomerado [2]

1.3 Relação Geométrica

Considerar a laminagem de uma tira de espessura inicial h_o, entre um par de rolos de raio R. Os rolos estão a rodar na mesma direcção. A tira é reduzida em espessura a h_f com a largura da tira assumida para permanecer constante durante a laminagem porque a largura é muito maior do que a espessura. A laminagem plana é um processo de compressão por deformação plana.

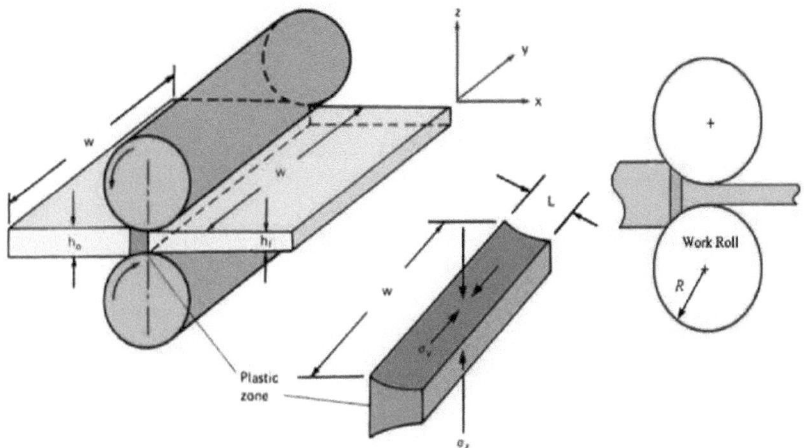

Fig.1.8-Relação geométrica [3]

O rascunho refere-se à redução da espessura.

Draft = h_o-h_f

Redução (r) é a relação de redução de espessura

$R = (h_o\text{-}h_f)/\ h_o = 1 - h_f/\ h_o$

Se a alteração da largura da faixa for tomada em consideração, podemos encontrar a largura final aplicando o princípio da constância de volume.

Volume de material antes da laminagem = volume após a laminagem.

Ou seja,

$h_o L_o w_o = h_f L_f w_f$

Lo & Lf é o comprimento inicial & final da tira

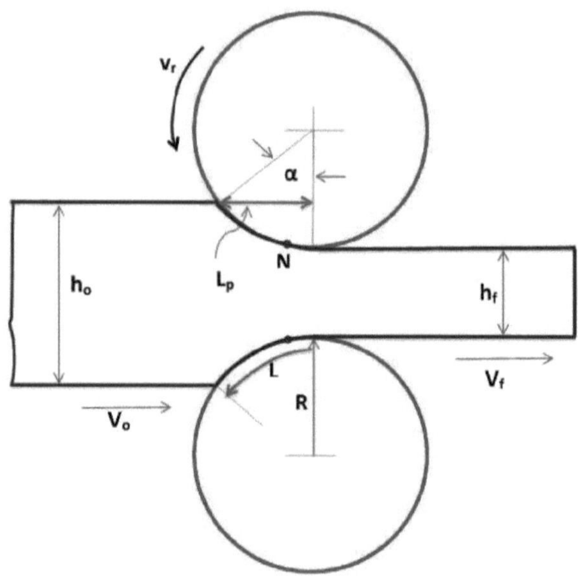

Fig.1.9 Terminologia rolante plana [3]

Terminologia de rolamento plano

R - Raio Rolante

Vf - Velocidade da tira à saída do rolo

L - Duração do contacto

N - Ponto neutro

Lp - Comprimento do arco do projecto

ho - Espessura inicial da tira

hf - Espessura final da tira

a - Ângulo de mordida

Vr - Velocidade de rotação

vo - Velocidade da tira à entrada do rolo

Sempre,

$$V_f > V_r > V_o$$

Da figura:

$$L_p{}^2 = R^2 - (R-\Delta h)^2$$

Ignorar o poder da pequena quantidade Ah, obtemos

$$L_p = \sqrt{R\Delta h}$$

1.4 Finalidade do laminador

O objectivo de um laminador é reduzir sucessivamente a espessura da tira de metal e conferir as propriedades mecânicas e microestruturais desejadas. Os laminadores a quente são utilizados para a redução da espessura a granel a temperaturas elevadas, enquanto que os laminadores a frio são utilizados como operações de laminagem secundária para obter propriedades dimensionais, metalúrgicas e mecânicas mais precisas. Os trens de laminagem do tipo monocomando são normalmente operados como trens de "inversão", em que a tira é sucessivamente enrolada e desenrolada em forma de bobina, uma vez que é repetidamente passada para trás e para a frente através do moinho. Os moinhos de "inversão" são geralmente utilizados para a produção em menor escala de produtos laminados a frio especializados. A produção em maior escala ocorre mais frequentemente com os moinhos de laminagem em tandem. De todas as configurações de laminadores, a variedade de 4 altos é a mais utilizada tanto nos moinhos de um único suporte como nos moinhos em tandem de vários suportes. O laminador de 2 alturas, que consiste em dois rolos de trabalho apenas e nenhum outro de suporte é utilizado principalmente para "skin-pass" ou laminagem têmpera, com o objectivo principal de conferir as propriedades mecânicas desejadas e não de causar reduções significativas na espessura.

1.5 Necessidade de simulações de laminagem na indústria siderúrgica indiana

O aço é ainda hoje um material estrutural dominante em uso e será num futuro previsível. A indústria siderúrgica indiana tem enfrentado uma concorrência feroz do mercado global nos últimos dez a doze anos. A Ásia e a Europa de Leste têm vindo a tirar partido do seu baixo custo para fabricar aço barato e exportá-lo a um preço baixo. A tendência para produzir de forma consistente os produtos acabados com propriedades micro estruturais e mecânicas especificamente controladas dentro de limites estreitos intensificou-se claramente, enquanto a gama de qualidade e dimensões aumentou significativamente nos últimos anos. Além disso, os clientes do moinho, por exemplo, os fabricantes de automóveis que utilizam o stock de barras e barras para produzir fixadores, molas de válvulas e outras peças, exigem tolerâncias ainda mais estreitas para os produtos acabados. Para que a indústria siderúrgica indiana seja globalmente competitiva em custos e qualidade, deve ser muito boa em inovação e tecnologia.

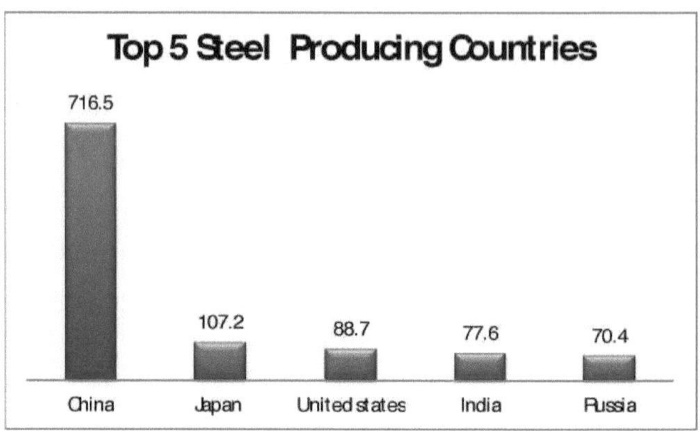

Fig.1.10 Top 5 países produtores de aço (Milhões de Tons) [4]

A Índia está em quarto lugar na produção mundial de aço. No entanto, não existem actualmente ferramentas fora de linha comercialmente disponíveis na Índia para prever a priori a microestrutura e, consequentemente, as propriedades mecânicas e geométricas, de um produto laminado após o aço ter sido submetido à série de operações necessárias para obter a forma desejada. Consequentemente, as tentativas de correlacionar as características de laminagem com as propriedades mecânicas e microestrutura do produto acabado têm sido de natureza predominantemente empírica. Estes modelos empíricos podem, na melhor das hipóteses, ser válidos em condições que foram utilizadas para gerar os dados, ou seja, condições específicas do laminador e/ou tipo de aço, mas não fornecem uma descrição detalhada dos parâmetros em todo o produto. Além disso, os ensaios de laminagem necessários para os estudos empíricos são muito dispendiosos e um modelo de processo que possa correlacionar as características de laminagem com os parâmetros microestruturais poderia ser muito benéfico.

Durante os últimos cinco a dez anos, tem havido um esforço contínuo no desenvolvimento de ferramentas de software por parte de construtores de fábricas no estrangeiro, fabricantes de aço e universidades. Estas ferramentas estão cada vez mais a ser aplicadas no desenvolvimento de melhorias de processos, ao ponto de alguns destes produtores de aço estrangeiros terem mesmo fabricado produtos que têm uma vantagem de qualidade ou de propriedade sobre os produtos indianos. No caso dos construtores de moinhos estrangeiros e dos produtores de aço, que são empresas muito grandes com vastos recursos, as ferramentas de software estão a ser utilizadas para demonstrar o desempenho superior dos seus produtos em relação aos moinhos indianos, dando-lhes uma vantagem competitiva definitiva.

Este trabalho centrar-se-á no desenvolvimento de uma ferramenta de software off-line destinada a melhorar significativamente o processo e o desenvolvimento de produtos de barras de aço laminadas. Como se afirma em, "a precisão de previsão dos modelos de deformação actuais (para laminagem, extrusão, etc.) em relações quantitativas microestrutura-propriedade é limitada e constitui uma barreira aos grandes avanços na tecnologia do processo de laminagem". Como foi dito acima, a competitividade da indústria siderúrgica indiana está em declínio constante. A fim de inverter esta tendência, é imperativo que sejam desenvolvidas novas ferramentas para ajudar os produtores de aço indianos num mercado global.

1.6 Software utilizado para Simulação (DEFORM-3D)

1.6.1 Visão geral do software DEFORM

DEFORM é um sistema de simulação de processos baseado no Método dos Elementos Finitos (FEM), concebido para analisar vários processos de conformação e tratamento térmico utilizados pelas indústrias de conformação de metais e indústrias relacionadas. Através da simulação de processos de fabrico num computador, esta ferramenta avançada permite aos projectistas e engenheiros:

1. Reduzir a necessidade de ensaios dispendiosos de chão de fábrica e redesenho de ferramentas e processos.

2. Melhorar a concepção de ferramentas e matrizes para reduzir a produção e os custos de material.

3. Encurtar o tempo de lançamento no mercado de um novo produto.

Ao contrário dos códigos FEM de uso geral, o DEFORM é adaptado para a modelação de deformações. Uma interface gráfica de fácil utilização permite uma fácil preparação e análise dos dados para que os engenheiros possam concentrar-se na formação, e não na aprendizagem de um sistema informático pesado. Um componente chave disto é um sistema de remeshing totalmente automático e optimizado, adaptado para grandes problemas de deformação. DEFORM-HT acrescenta a capacidade de modelagem de processos de tratamento térmico, incluindo normalização, recozimento, têmpera, têmpera, envelhecimento, e cementação. DEFORM-HT pode prever a dureza, tensões residuais, deformação de têmpera, e outras características mecânicas e materiais importantes para aqueles que tratam com calor.

1.6.2 Família de produtos DEFORM

<u>DEFORM-2D (2D)</u>

Disponível em plataformas UNIX/LINUX (HP, LINUX), bem como computadores pessoais com Windows-XP/Vista. Capaz de modelar deformações planas ou peças assimétricas de eixo com um modelo simples de 2 dimensões. Um pacote completo de funções contendo as últimas inovações em Modelação de Elementos Finitos, igualmente bem adaptado para ambientes de produção ou investigação.

<u>DEFORM-3D (3D)</u>

Disponível em plataformas UNIX/LINUX (HP, LINUX), bem como computadores pessoais com Windows-XP/Vista. O DEFORM-3D é capaz de modelar padrões complexos de fluxo de materiais tridimensionais. Ideal para peças que não podem ser simplificadas para um modelo bidimensional.

<u>DEFORM-HT</u>

Disponível em DEFORM-2D e DEFORM-3D. Para além das capacidades de modelação de deformação, DEFORM-HT pode modelar os efeitos do tratamento térmico, incluindo dureza, fracção de volume da estrutura metálica, distorção, tensão residual, e conteúdo de carbono.

1.6.3 Capacidades

1. Modelação acoplada de deformação e transferência de calor para simulação de processos de forjamento a frio, quente ou quente (todos os produtos).
2. Extensa base de dados de materiais para muitas ligas comuns incluindo aços, aluminios, titanium, e super-ligas. (todos os produtos).
3. Introdução de dados de material definido pelo utilizador para qualquer material não incluído na base de dados de material. (todos os produtos).
4. Informação sobre fluxo de material, preenchimento de molde, carga de forjamento, tensão de molde, fluxo de grãos, formação de defeitos e fractura dúctil (todos os produtos).
5. Modelos rígidos, elásticos e termo-viscoplásticos, que são ideais para modelagem de grandes deformações (todos os produtos).
6. Modelo de material elástico-plástico para problemas de tensão residual e problemas de costas de mola. (2D, 3D).
7. Modelo de material poroso para modelação de produtos da metalurgia do pó (2D, 3D).
8. Modelos de equipamentos de conformação integrados para prensas hidráulicas, martelos, prensas de parafuso e prensas mecânicas (todos os produtos).
9. Sub-rotinas definidas pelo utilizador para modelação de materiais, modelação de prensas, critérios de fractura e outras funções (2D, 3D).
10. FLOWNET (2D, 3D) e rastreio de pontos (todos os produtos) para informação importante sobre o fluxo de materiais.
11. As parcelas de contorno de temperatura, tensão, stress, danos e outras variáveis chave simplificam o pós-processamento (todos os produtos).
12. A condição de limite de auto contacto com remeshing robusto permite que uma simulação continue a ser completada mesmo após a formação de uma volta ou dobra (2D, 3D).

CAPÍTULO-2
REVISÃO BIBLIOGRÁFICA

2.1 Antecedentes

A investigação em laminagem concentrou-se nos últimos meio século para melhorar a qualidade dimensional das bandas metálicas laminadas. Agora é necessário um dia mais e mais de alta qualidade dos produtos de aço para o desenvolvimento de maquinaria automóvel e industrial. Portanto, é necessário realizar experiências que são muito dispendiosas devido ao elevado custo da maquinaria. A fim de reduzir o custo e melhorar a eficiência da produção, a simulação numérica é amplamente utilizada para o processo de conformação e torna-se muito importante para a concepção e desenvolvimento industrial. Neste capítulo, discute-se em pormenor a investigação anterior baseada no modelo de simulação FEM e no sistema de controlo de planicidade utilizado em processos de laminagem a quente.

A técnica dos elementos finitos tem sido utilizada como uma ferramenta poderosa na modelação da conformação do metal e encontrou uma ampla aplicação nesta área, em particular, na laminagem plana de aço e alumínio.

Durante a laminagem, o plano é mantido dentro das tolerâncias pelo sistema de controlo do plano, outro objectivo importante deste trabalho é estudar o controlo do plano e melhorar a qualidade do produto laminado no laminador a quente.

2.2 Modelo de simulação FEM (DEFORM-3D)

Dr. Abdul Kareem Flaih Hassan, Hassanein Ibraheem Khalaf (2011)[5] estudado sobre a análise de elementos finitos da laminagem plana a frio é bem apresentado para prever a força do cilindro, a velocidade da laje à entrada e à saída, o aumento da temperatura na laje durante a laminagem a frio, a distribuição de tensão e tensão à volta da laje. Os efeitos do coeficiente de fricção e da tensão de rendimento do material da laje na laminagem são assumidos. Verifica-se que a força máxima ocorre na posição de ponto neutro entre a entrada e a saída; também se verifica que a velocidade da laje à saída é maior do que à entrada. Os resultados dos elementos finitos da distribuição da temperatura em torno da laje prevêem que há um aumento considerável da temperatura da laje.

HUANG Chang-qing, DENG Hua et al.(2011)[6] estudaram o comportamento de tensão de fluxo da liga de alumínio 6016 através de uma experiência de compressão a alta temperatura de passagem única em

O simulador termo-mecânico Gleeble-1500 e as equações constitutivas derivativas foram preparados para a simulação em computador. O modelo numérico de 5182 ligas de alumínio laminadas a quente foi construído utilizando DEFORM-3D. Ao comparar o valor medido com o valor preditivo, descobrimos que o erro do modelo foi de 5% e é suficientemente bom para as necessidades reais de produção. Com base no modelo 5182, o modelo numérico 3D de liga de alumínio 6016 foi construído e pode fornecer parâmetros teóricos na concepção do processo de produção real.

Wei-Shin Lin, Tung-Sheng Yang, He-Jiun Hsieh e Chun-Ming Lin (2011)[7] estudado sobre a laminagem plana do fio, o fio de secção transversal circular é laminado a frio entre os rolos planos numa só passagem para atingir a relação espessura/largura desejada. Este estudo é apontado para o comportamento do processo de laminagem plana de fios múltiplos, utilizando o software de análise de elementos finitos -DEFORM. A partir dos resultados da simulação por computador, podemos compreender a variação da carga de formação, a tensão efectiva e a tensão efectiva. Esta informação pode ser utilizada para ajudar na concepção dos rolos para conduzir a laminagem plana de multi-fio.

Um software baseado em FEM DEFORM-3D é utilizado no presente trabalho para simular o processo de laminagem plana do fio. O DEFORM-3D é um software dinâmico não linear que pode simular diferentes tipos de processo de conformação de metal como forjamento, extrusão, estiragem profunda e conformação por estiramento, para prever a tensão, tensão, distribuição da espessura, a forma dos produtos, a carga do punção e o efeito de vários parâmetros de desenho de ferramentas na eficiência do processo e no produto final.

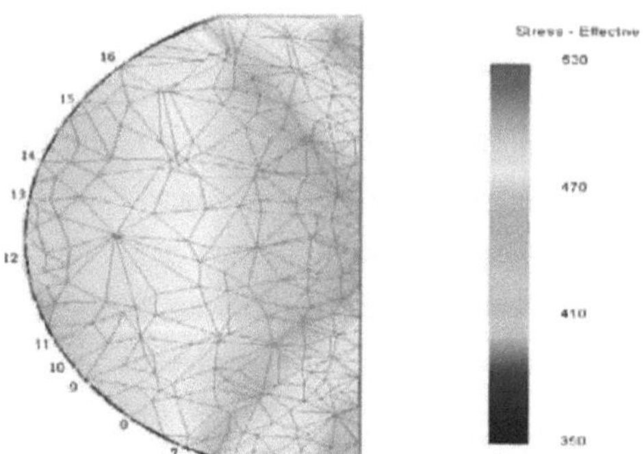

Fig.2.1 Variação efectiva da tensão no perímetro da secção transversal

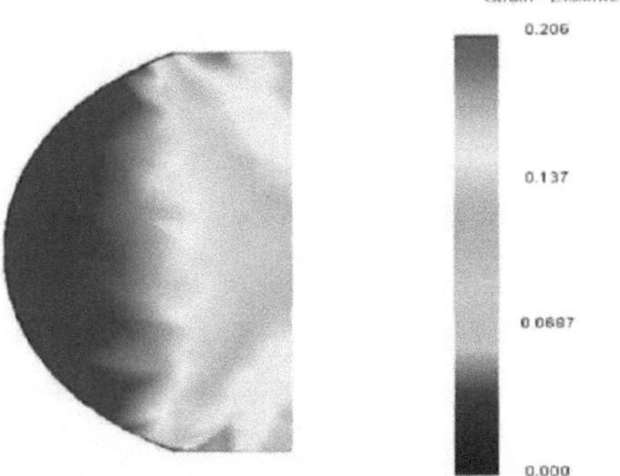

Fig.2.2 Variação efectiva da deformação no perímetro da secção transversal

Licheng Yang, Jinchen Ji, Jingxiang Hu, A. Romagos (2011) [8] estudou sobre o processo de laminagem a quente de uma laje utilizando o método dos elementos finitos de plástico rígido. Os modelos 2D do rolo e da laje são desenvolvidos para investigar o efeito de diferentes parâmetros do processo, tais como temperatura inicial de laminagem, espessura da laje, velocidade de laminagem, coeficiente de fricção e taxa de redução da força de laminagem, força normal e distribuição eficaz das tensões. Além disso, a distribuição do atrito na zona de deformação é também estudada com base em modelos 3D.

Com base no FEM termo-mecânico acoplado, foi desenvolvido um modelo matemático para prever a tensão do fluxo, a força de rolamento, a força normal de contacto e a força de fricção durante o processo de laminagem a quente contínuo. Os resultados da simulação foram encontrados em boa concordância com os resultados relatados na análise teórica e nas medições experimentais na literatura. As conclusões foram obtidas e verificadas por simulação numérica para o processo de laminagem a quente.

1. Um aumento da temperatura e espessura inicial da laje irá reduzir a força de laminagem. A temperatura, a deformação e a taxa de deformação têm um efeito importante na distribuição de tensão e o efeito da deformação é dominante.

2. Quando a percentagem de redução, raio de rolagem, coeficiente de fricção e velocidade de rolagem aumentam, os correspondentes parâmetros de energia-força aumentam.

3. A fricção positiva é mais do que a fricção negativa, sugerindo que a fricção actua como a força motriz no processo de laminagem.

Shailendra Dwivedi, Geeta Agnihotri, K.K.Pathak (2012) [9] estudou sobre o importante parâmetro utilizado no processo de laminagem a quente utilizando FEM. A Simulação Numérica tornou-se uma ferramenta bastante importante nas Indústrias Transformadoras. O processo de laminagem é um dos processos mais populares no fabrico, a fim de fabricar diferentes peças com uma grande variedade de dimensões. Neste processo, a matéria-prima interna transforma-se numa forma desejável através de rolos, pelo menos. Em comparação com outros métodos de análise do processo de laminagem, o método de elementos finitos é o mais prático e preciso, pelo que se considera um modelo de elementos finitos de plástico termo-elástico tridimensional acoplado para analisar o processo de laminagem a quente. Na presente investigação, foi estudada a influência da modelação e simulação de vários parâmetros como a geometria da laje, temperatura, atrito entre rolos de trabalho e laje, percentagem de redução da espessura, velocidade de rotação do rolo de trabalho. Saídas como distribuição da temperatura, campos de tensão, deformação e taxa de deformação, força do rolo foram obtidas através de diferentes entradas. As saídas da simulação de elementos finitos são utilizadas para investigar os efeitos dos parâmetros na integridade do produto e nas propriedades mecânicas.

ZENG Ben, WU Jing, ZHANG Heng-hua (2011) [10] estudaram sobre a Simulação Numérica da Força de Laminagem Multi-pass e Campo de Temperatura de Chapas de Aço durante a Laminagem a Quente, utilizando o Software DEFORM-3D. A força de laminagem e o campo de temperatura são parâmetros importantes no processo de laminagem a quente da chapa de aço. O principal objectivo deste papel utilizado para simular a distribuição da força de laminagem, do campo de tensão, do campo de tensão e da temperatura durante o processo de laminagem a quente da chapa de aço com o tamanho de 0,220m*2,070mx 1,904m. Tanto a força de laminagem simulada como a temperatura do multi-passe são comparadas com os resultados medidos. Mostra-se que os valores simulados pelo método dos elementos finitos são aproximados aos valores medidos na laminagem a quente da chapa de aço. A chapa de aço à entrada da temperatura da primeira passagem é de 1100°C, e a laminagem real da chapa de aço é dada na Tabela 2.1.

Tabela 2.1 Sequência de passe rolante

S.NO.	ROUGH PASS	ALTURA(mm)	REDUÇÃO (%)	ROLL SPEED(m-s^{-1})
1.	R1	199.63	9.26	1.5
2.	R2	179.46	10.10	1.5
3.	R3	149.96	16.44	1.5
4.	R4	104.25	30.48	1.5
5.	R5	78.32	24.87	2.0
6.	R6	53.96	31.10	2.5
7.	R7	34.96	35.21	3.0

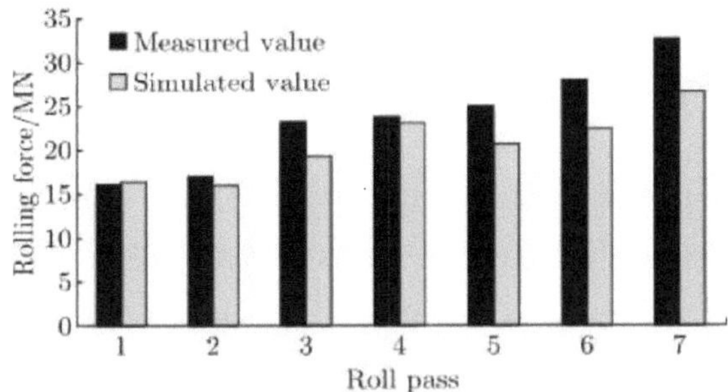

Fig.2.3 A distribuição eficaz de tensão e tensão em 1-7 passa pelo processo de laminagem

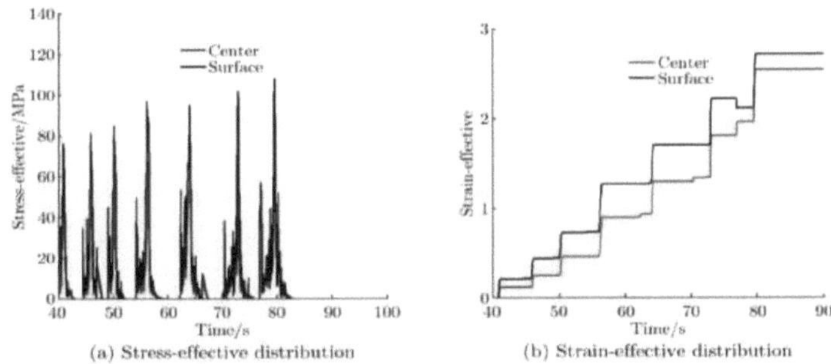

Fig.2.4 Comparação da força de rolagem do boleto entre valor simulado e medido

No estudo acima referido, o software de análise de elementos finitos comercialmente disponível DEFORM-3D é utilizado para simular o processo grosseiro de laminagem da chapa de aço laminada a quente e os parâmetros reais da linha de produção são tidos em conta. Com o modelo, é fácil tornar claros os parâmetros do processo de laminagem, tais como deformação, deformação-eficácia, tensão-eficácia, temperatura e distribuição da força de laminagem.

Seyed Reza Motallebi, Amin Khalili Rad (2011) [11] descrito sobre a matéria-prima interna transforma-se em forma desejável por pelo menos dois rolos. Em comparação com outros métodos de análise do processo de laminagem, o método de elementos finitos é o mais prático e preciso, pelo que se considera um modelo de elementos finitos de plástico termo-elástico tridimensional acoplado para analisar o processo de laminagem a quente. Na presente investigação, foi estudada a influência de vários parâmetros como a geometria da laje, temperatura, atrito entre rolos de trabalho e laje, percentagem de redução da espessura, velocidade de rotação do rolo de trabalho. Saídas como distribuição da temperatura, campos de tensão, tensão e taxa de deformação, força do rolo foram obtidas através de diferentes entradas. As saídas da simulação de elementos finitos são utilizadas para investigar os efeitos dos parâmetros sobre a integridade do produto e as propriedades mecânicas da peça. Foi desenvolvido um modelo de laminagem 2D para simular uma única passagem do processo de laminagem a quente de ligas de alumínio utilizando o software comercial de elementos finitos, DEFORM-2D.

Os parâmetros de rolamento utilizados neste trabalho são mostrados na Tabela 2.2 e o modelo de elementos finitos é mostrado como Fig.2.5. Devido à natureza simétrica da laminagem plana, apenas um quarto da laje é modelada.

Tabela 2.2 Parâmetros de enrolamento

Largura	1800mm
Comprimento	500mm
Espessura de entrada	580mm
Espessura da saída	522mm
Temperatura	300°C
Diâmetro do rolo	495mm
Velocidade de rotação	40rpm
Largura de rolo	2000mm

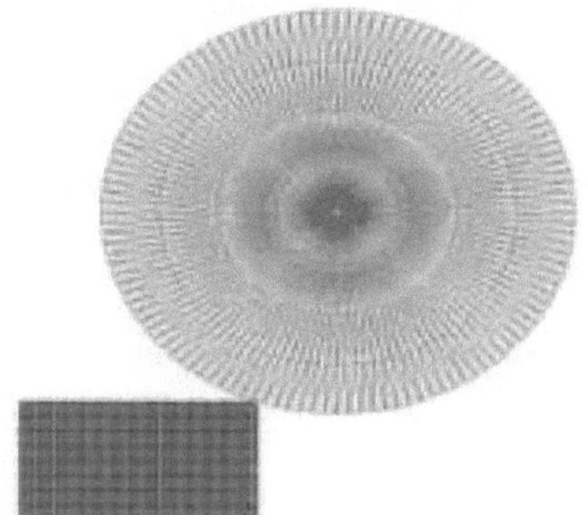

Fig.2.5 Modelo FEM 2D do processo de laminagem

Através da simulação da laminagem plana a quente da liga de alumínio 5083, podem ser apresentadas as seguintes conclusões:

(1) A temperatura da tira, durante o processo de laminagem, depende de vários parâmetros como o coeficiente de transferência de calor da interface, a velocidade de laminagem, e a quantidade de redução de espessura.

(2) A força de enrolamento do processo de enrolamento, depende de vários parâmetros tais como temperatura, diâmetro de enrolamento e velocidade de enrolamento.

2.3 Processo de laminagem a quente

Krisna K. Saxena, Anand S. Shrivastava (2012) [12] estudaram sobre os mecanismos utilizados na operação de laminagem de placas. O mecanismo em processo de laminagem a quente, como Empurrador, Extractor, Manipuladores & Mecanismo de aparafusamento usado para obter sucesso na laminagem de placas em placas. Empurradores são utilizados para empurrar a laje e placas sobre ou a partir das mesas de enrolar. Os extractores são utilizados para extrair a laje dos fornos de reaquecimento. Os manipuladores são utilizados para um alinhamento adequado das placas e placas antes do início da laminagem. A largura é um parâmetro muito importante na laminagem da placa, pelo que deve ser introduzido um método preciso e fiável para medir a largura da placa. O mecanismo de aparafusamento é utilizado para o movimento do rolo superior de apoio e do rolo superior de trabalho. O principal objectivo deste trabalho é familiarizar os leitores com estes mecanismos. Há muitas melhorias que podem ser implementadas nestes mecanismos.

Weilong Hu, Z.R. Wang (2001) [13] estudado sobre os problemas de flexão por rolo também afecta a modelagem de elementos finitos; há poucos exemplos de simulação de elementos finitos do processo de flexão por rolo. Neste trabalho é proposto um novo modelo de flexão por rolo que melhora os processos convencionais de flexão por rolo. O modelo proposto não só resolve algumas inadequações do processo de flexão por rolo convencional, mas permite uma maior flexibilidade na formação de grandes peças de flexão. Os autores trataram de soluções de dobragem com limite superior e inferior e também utilizaram o método dos elementos finitos para comparar os resultados. Os autores utilizaram software comercial e utilizaram um modelo de material elástico-plástico. Assume-se que o modelo 3D é simétrico e metade da peça de trabalho é analisada e os resultados são validados com as soluções de limite inferior e de limite superior.

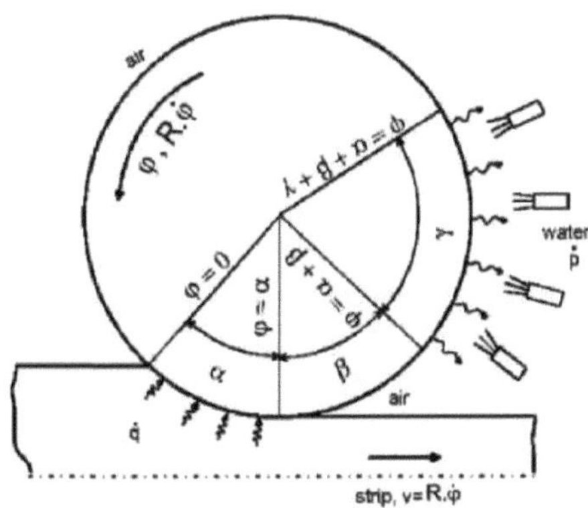

Fig.2.6 Disposição geométrica do rolo e da tira

Yuheng Yin, Liwei Cao, Yuran Wang & Hang Fu (2013) [14] estabeleceu um modelo de análise dinâmica do Sistema Hidráulico de Laminagem a Frio AGC pode analisar completa e facilmente os vários factores do processo de laminagem no controlo final da espessura e precisão da laminagem. A simulação do sistema hidráulico AGC pode dar a estrutura e o desempenho do sistema, determinando um maior impacto nos parâmetros de desempenho do sistema de laminagem de novas variedades para fornecer provas e argumentos fiáveis, enquanto que o diagnóstico mecânico e hidráulico de falhas do sistema de laminagem tem um certo valor de referência. Nesta investigação, é possível realizar uma investigação mais profunda e simulação dinâmica em todo o processo de laminagem a frio através de mais investigação para se obter um efeito de controlo óptimo e tem um significado introdutório para a produção real.

F.D. Fischer, W.E. Schreiner, E.A. Werner, C.G. Sund (2004) [15] desenvolveram um modelo para os campos de temperatura e tensão em rolos de trabalho durante a laminagem a quente. Concentraram-se principalmente na aplicação da solução para o campo de temperatura de uma fonte de calor móvel como expressão lógica e programável que permite aproximar o campo de temperatura próximo da camada superficial de um rolo de trabalho.

Consideraram os factores de fricção e de contacto de superfície para estes cálculos. Também são acessíveis expressões básicas para o campo de tensão próximo da camada superficial. O calor é transferido por uma fonte de calor móvel de densidade.

S. M. Hwang, C. G. Sun, S. R. Ryoo, W. J. Kwak (2002) [16] estudou sobre o modelo de Elemento Finito que deu uma análise termomecânica tanto do rolo de trabalho como da tira. A interacção entre os dois meios foi definida por cálculos de contacto iterativos e deu resultados que se compararam muito bem com os dados experimentais. Em particular, este artigo implementou com sucesso um cálculo de stress friccional baseado num modelo modificado de fricção Coulomb. Também são

$$g(|\Delta u|) = \frac{2}{\pi}\tan^{-1}\left(\frac{(|\Delta u|)}{a}\right)$$

descritos vários esquemas numéricos, incluindo os relativos ao tratamento das interacções térmicas e mecânicas entre os objectos.

$$\sigma_t = -\mu\sigma_n g(|\Delta u|)$$

Onde σ_t representa a tensão tangencial na direcção Au e^(|Aul), e pode ser alcançado a partir da seguinte equação;

onde é *uma* constante muito pequena. Isto permite que as equações Coulomb separadas para as zonas de deslizamento e de colagem do contacto sejam representadas de forma aproximada numa equação.

M raudensky, J Horsky e M Pohanka (2005) [17] desenvolveram um modelo de optimização do arrefecimento de rolos. Neste modelo, foi desenvolvida uma instalação experimental de laboratório para permitir a medição à escala real do arrefecimento de rolos de trabalho. Os testes à escala completa utilizam uma relação completa de filas de bocal como no ambiente da fábrica ou preparados por um projectista. Este método permite optimizar o desenho ou avaliar soluções antigas e novas. O teste fornece um perfil de intensidade de arrefecimento na superfície do rolo. A segunda etapa do processo de optimização é a prática de um modelo numérico para o cálculo da temperatura e da coroa do rolo de trabalho numa região de laminagem a quente. Para testar a eficiência do arrefecimento, é utilizado um programa típico de laminagem industrial. Um objectivo típico do método experimental e numérico é a intensificação da laminagem, a melhoria do arrefecimento, e o trabalho de concepção. Todos os resultados apoiam a conclusão de que o arrefecimento não poderia ser optimizado utilizando apenas experiências industriais ou laboratoriais ou utilizando apenas modelos numéricos. Ambos os factores devem ser tidos em conta para obter a optimização do arrefecimento.

Krisna K. Saxena, Anand S. Shrivastava (2012) [18] Estudou sobre os mecanismos utilizados na laminagem para o controlo da planicidade através da utilização de manipulador. Manipuladores são utilizados para o alinhamento adequado de placas e placas antes do início da laminagem dos passes. A largura é um parâmetro muito importante na laminagem da chapa, pelo que deve ser introduzido um método preciso e fiável para medir a largura da chapa. Os manipuladores podem ser utilizados para a medição da largura com a ajuda de um arranjo de cremalheira e pinhão.

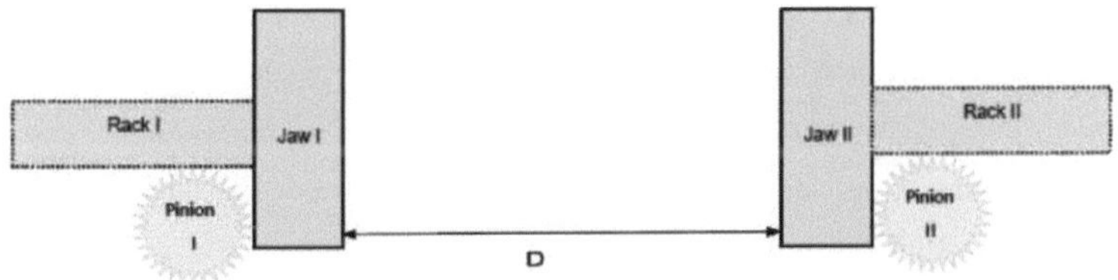

Fig.2.7 Posição ideal do manipulador

Formulação matemática para medição da largura da laje

Largura da laje (W) = Distância da mandíbula do manipulador (D) a zero offset -

(2*Pitch(P)*Número de dentes avançados por cremalheira(T))

A outra função do manipulador é alinhar a laje aquecida de entrada a fim de tornar a laje perfeitamente perpendicular ao eixo de laminagem e fazer o desvio zero entre a laje e o eixo de laminagem.

Dong-Eun Lee (2011) [19] desenvolveu um modelo matemático para calcular a distribuição da temperatura da laje num forno de reaquecimento laminado a quente, considerando a radiação térmica no forno e a condução transitória na laje. O forno é modelado como meio radiante com temperatura espacialmente variável. O fluxo de calor irradiante dentro do forno, incluindo o efeito das paredes do forno, gases de combustão, feixes de skid e botões, é calculado utilizando o FVM e é aplicado como condição limite da equação de condução transitória da laje. Após determinar a emissividade da laje por comparação entre a simulação e o trabalho experimental, a variação das características de aquecimento na laje é investigada no caso de alteração da temperatura do forno com vários tempos e o tempo de residência da laje é optimizado com esta avaliação.

Após a análise, concluem que foi desenvolvido e aplicado um modelo matemático para um forno de reaquecimento da laje para determinar o tempo de residência da laje, comparando as características de aquecimento da laje quando a temperatura do forno é alterada. O tempo de permanência da laje no forno está estreitamente relacionado com o consumo de energia e as emissões poluentes, pelo que é importante encontrar o tempo de permanência ideal em determinadas condições.

B.K. Chen, P.F. Thomson, S.K. Choi (1992) [20] utilizaram um modelo teórico para prever a distribuição da temperatura no rolo, o que requer valores precisos do coeficiente de transferência de calor entre as superfícies do rolo e da tira. Os valores medidos do coeficiente de transferência de calor aplicável à laminagem a quente do alumínio são relatados. É examinado o efeito de diferentes reduções de passagem, distribuição da pressão do rolo e lubrificação sobre o coeficiente de transferência de calor.

Após a análise, concluem que a variação do coeficiente de transferência de calor parece não depender apenas da distribuição da pressão do rolo e da posição do ponto neutro, uma vez que outros factores tais como a natureza da interface ou camada de óxido, a rugosidade da superfície e a química da superfície podem influenciar a verdadeira área de contacto e, consequentemente, a variação do coeficiente de transferência de calor e descobrem que o coeficiente de transferência de calor é independente da presença ou ausência de lubrificação.

Kaixiang Peng (2013) [21] estudou qualidades de aço que requerem condições de produção constantes e reprodutíveis tanto no trem de laminagem de tiras a quente como na secção de arrefecimento para alcançar propriedades constantes do material ao longo de todo o comprimento da tira e de tira a tira. Neste trabalho, é construído um modelo de elementos finitos para o campo de temperatura num processo de laminagem. O campo de temperatura da tira de aço é modelado com uma estrutura de análise de elementos finitos 3-D (FEA), considerando simultaneamente a distribuição da temperatura do rolo de trabalho. Depois, a distribuição do campo é simulada numericamente. A partir do modelo, os contornos de temperatura podem ser obtidos através da análise da distribuição da temperatura da área de contacto. Ao mesmo tempo, a distribuição da temperatura em qualquer posição em qualquer momento pode ser adquirida. Estes esforços fornecem os parâmetros fiáveis para o controlo posterior da temperatura de acabamento e da forma.

A distribuição tridimensional da temperatura da tira arquivada na laminagem a quente foi investigada. Os resultados proporcionariam uma orientação eficaz para o Controlo da Temperatura de Acabamento (FTC), Controlo Automático de Manómetro (AGC) e Controlo Automático da Forma (ASC). Simultaneamente, o conceito descrito acima fornece uma excelente base para um controlo abrangente da microestrutura de laminagem e arrefecimento, de modo a que as propriedades do material possam ser mantidas constantes ao longo de todo o comprimento da tira. Estamos certos de que este novo controlo abrangente nos traz um enorme passo em frente no controlo das propriedades do material ao longo de todo o processo de laminagem a quente.

C.H. Moon, Y. Lee (2012) [22] apresentou a dependência da força de projecto, torque de projecto e ângulo máximo de mordida de um laminador nos modelos de relação de redução foram totalmente considerados no esquema de calendário provisório. As equações de força de laminação e de binário utilizadas nos modelos de relação de redução foram verificadas através da comparação das medições com as previsões. Utilizando o esquema de calendário provisório, examinámos a influência das alterações do método de laminagem na produtividade

(i) Posição material após a passagem do lado largo,

(ii) Posição do material após as passagens longitudinais e

(iii) O número de rotações, ou seja, o número de vezes que a laje (material) é rodada em 90 graus, antes de se iniciarem as ladeiras e/ou passagens longitudinais.

Os resultados revelam que o número de voltas dá a maior influência na produtividade. O tempo de enrolamento pode ser minimizado se as posições materiais após as passagens largas e longitudinais não forem fixadas com antecedência.

Após a análise, concluem um esquema de calendário provisório para determinar o número total de passes em laminagem de chapas, que é uma incomputação não iterativa e o seu efeito no tempo de laminagem, ou seja, na produtividade. Foram propostos três modelos de taxa de redução e acoplados ao esquema de calendário provisório. A validade dos modelos de força de rolos e de binário utilizados nos modelos de relação de redução foi verificada através da comparação das forças de rolos e binários medidos com as previsões.

Wei-Hsin Chen , Mu-Rong Lin, e Tzong-Shyng Leu (2010) [23] estudaram sobre as características de consumo de energia do forno. Quando as placas são carregadas no forno, a diferença de temperatura entre a superfície da laje e o núcleo sobe rapidamente devido à natureza da curva de aquecimento arctangente. Após o tempo de aquecimento passar pelo ponto de inflexão, a temperatura interna das placas tende a ser uniforme. O estudo actual indica que, sem utilizar o tempo de aquecimento óptimo, a uniformidade de temperatura desejada pode ser alcançada se o tempo de aquecimento for suficientemente longo. No entanto, pode resultar numa temperatura de descarga insuficiente. Alternativamente, uma vez alcançada a temperatura alvo de descarga, a temperatura interna das lajes é demasiado uniforme para desperdiçar energia. Uma vez que tanto a temperatura alvo de descarga como a uniformidade desejada de temperatura têm um efeito significativo nos processos de laminagem subsequentes, o tempo óptimo de aquecimento (ou tempo de retenção) para poupar a energia do forno foi avaliado através da utilização do esquema de Newton. Foram estabelecidas algumas correlações para ligar a uniformidade de temperatura e o tempo de aquecimento óptimo. Dentro da gama investigada do calibre de placas, sugeriu que o aquecimento de placas mais finas no forno de reaquecimento pode utilizar a energia de forma mais eficiente em contraste com o aquecimento de placas mais grossas.

A. Hacquin, P. Montmitonnet e J.P. Guillerault (1994) [24] previram que um perfil de tira devido à deformação do rolo é uma grande preocupação na indústria de laminagem. Desenvolveram um modelo numérico que associa iterativamente um cálculo semi-analítico da deformação do suporte rolante elástico com um Método dos Elementos Finitos tridimensional para a deformação da tira e previsões de distribuição da força de laminagem. Neste artigo descreve uma comparação com as experiências num moinho piloto de 4 alturas, consistindo na laminagem a frio de vários conjuntos em forma de ancinho de hastes de alumínio. Em tais condições, podemos assumir que a força de laminagem será distribuída igualmente entre as hastes. Após a análise, concluem que os desvios dos Rolos de Trabalho e dos Rolos de Apoio são previstos com precisão para uma vasta gama de condições experimentais, assumindo que uma única lei constitutiva isotrópica e elástica uniforme se aplica a ambos os rolos.

5. Serajzadeh (2006) [25] utilizou um modelo para descobrir a distribuição da temperatura na laminagem a quente de aços pelos efeitos dos parâmetros de laminagem. A distribuição da temperatura dos rolos de trabalho na laminagem a quente de placas de aço foi analisada através da resolução da equação de condução de calor com condições transitórias de contorno. O método dos elementos finitos (FEM) foi implementado para resolver a equação governante. No seu modelo, a relação térmica entre o metal laminado e os rolos foi tomada em consideração com os efeitos de parâmetros variáveis tais como velocidade de laminagem, coeficiente de transferência de calor de interface, e temperatura inicial da chapa foram considerados nos cálculos. O seu resultado mostrou que a velocidade de laminagem e o coeficiente de transferência de calor de interface são factores importantes.

2.4 Lacunas encontradas na Literatura

Foi observado a partir da revisão da literatura disponível, após terem sido identificadas as lacunas:

1. Trabalho muito limitado na análise de laminagem a quente, utilizando o software DEFORM-3D.
2. Reduzir o custo e melhorar a eficiência da produção simulação numérica é uma ferramenta muito importante para o processo de laminagem a quente.
3. Temperaturas, coeficiente de atrito, velocidade de rolagem e diâmetro de rolagem são parâmetros importantes que desempenham um papel muito importante durante a rolagem.
4. Trabalho muito limitado no sistema de controlo de perfil e planicidade utilizado no processo de laminagem a quente.

O presente trabalho tenta preencher esta lacuna e dá um esforço sincero para alargar estas técnicas para o processo de laminagem a quente plana.

CAPÍTULO-3
FORMULAÇÃO DO PROBLEMA

A fim de diminuir o custo e melhorar a eficiência da produção, a simulação numérica é amplamente utilizada para o processo de formação e torna-se um método muito importante para a concepção, optimização e desenvolvimento de novos produtos.

Com o rápido desenvolvimento da tecnologia informática, a tecnologia informática de simulação numérica obteve uma ampla aplicação no processo de laminagem de chapas de aço laminadas a quente. Há muitas pesquisas sobre o método de elementos finitos (FEM) de simulação no processo de laminagem de chapa de aço laminada a quente. Mas a maioria destas investigações teve lugar em laboratório, faltando a combinação da produção prática. Portanto, o software de análise por elementos finitos DEFORM-3D é utilizado para simular o processo de laminagem da chapa de aço laminada a quente nesta tese e os parâmetros reais utilizados na linha de produção prática.

Durante a laminagem, o plano é mantido dentro das tolerâncias pelo sistema de controlo do plano, outro objectivo importante deste trabalho é estudar o controlo do plano e melhorar a qualidade do produto laminado no laminador a quente.

3.1 Parâmetro que influencia a formulação da teoria do rolamento

Os principais factores que influenciam a mecânica de laminagem são os seguintes

1. O diâmetro do Rolls.
2. Reduções num passe.
3. Espessura inicial da laje.
4. Velocidade de rolagem.
5. As tensões frontais e traseiras.
6. A natureza do atrito entre os rolos e o material enrolado.

7. O campo de temperatura no material e nos rolos.

8. As propriedades físicas do material a ser laminado.

9. O comportamento do moinho sob carga.

10. A deformação elástica dos rolos sob carga.

3.2 Objectivo do presente trabalho

Os principais objectivos na realização deste projecto são:

1. Tensão eficaz, tensão eficaz e análise da variação da velocidade de três graus diferentes de aço (AISI 1016, AISI 1025 e AISI 1035) durante o processo de laminagem a quente.

2. Tensão efectiva, tensão efectiva e análise da variação da velocidade do aço AISI 1016 a três temperaturas diferentes (900°C, 1000°C, 1100°C) durante o processo de laminagem a quente.

3. Estudo sobre Mecanismo e sistema de controlo de planicidade utilizado no processo de laminagem a quente.

3.3 Plano de trabalho

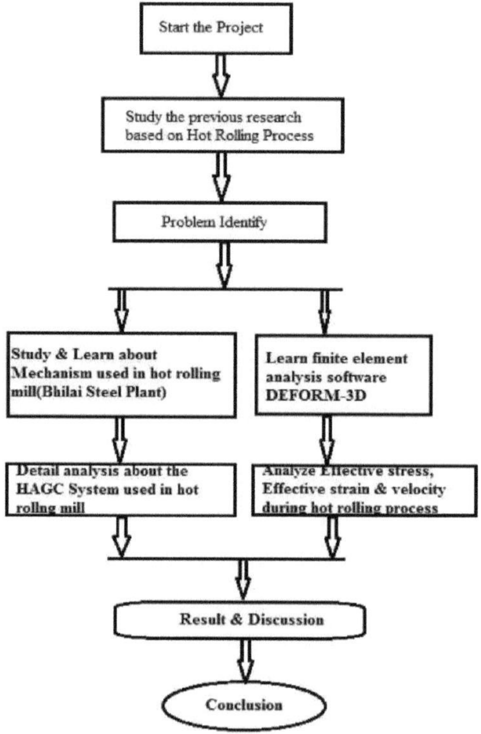

Fig.3.1 Plano de trabalho

CAPÍTULO-4

METODOLOGIA DE TRABALHO

4.1 Descrição do processo do laminador a quente

Introdução

A Siderurgia de Bhilai é uma das principais indústrias siderúrgicas da Índia. Depois de visitar mais de dois meses numa laminadora de aço (Siderurgia de Bhilai) & estudo sobre o processo de laminagem a quente. Tenho observado vários mecanismos e sistemas de controlo de planicidade utilizados na laminagem a quente de aço. Neste estudo de caso vamos discutir sobre os vários mecanismos & sistema de controlo de planicidade utilizados na indústria siderúrgica.

A via geral de produção do aço consiste em três fases de processamento. São a produção de ferro, a produção de aço e a produção de produtos laminados. Neste capítulo, concentram-se principalmente na laminagem a quente. O fluxo do processo de laminagem a quente é ilustrado na Fig. Cada etapa deste processo é descrita abaixo

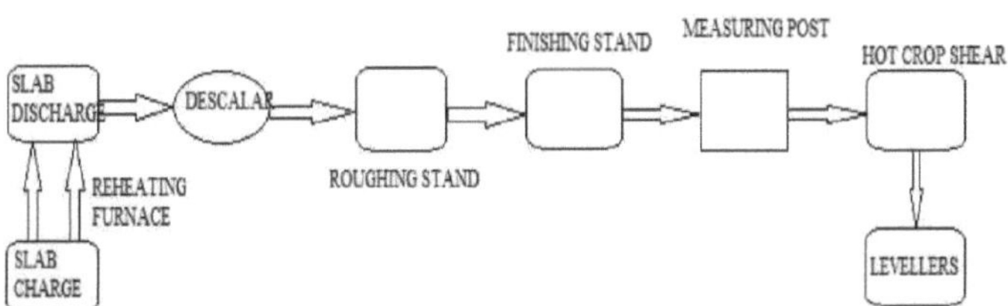

Fig.4.1 Diagrama de fluxo do processo de laminagem a quente

Forno de Reaquecimento

Placas provenientes de fundição contínua esta é a primeira etapa do processo de laminagem a quente é o forno de reaquecimento. Neste forno, as placas são reaquecidas e mantidas a uma temperatura entre aproximadamente 1100 a 1250 °C. Forno de reaquecimento dividido em três zonas:

1. Zona de pré-aquecimento. Gama de temperaturas (1100-1200°C)
2. Zona de aquecimento. Gama de temperaturas(1200-1300°C)
3. Zona de imersão. Gama de temperaturas(1200-1250°C)

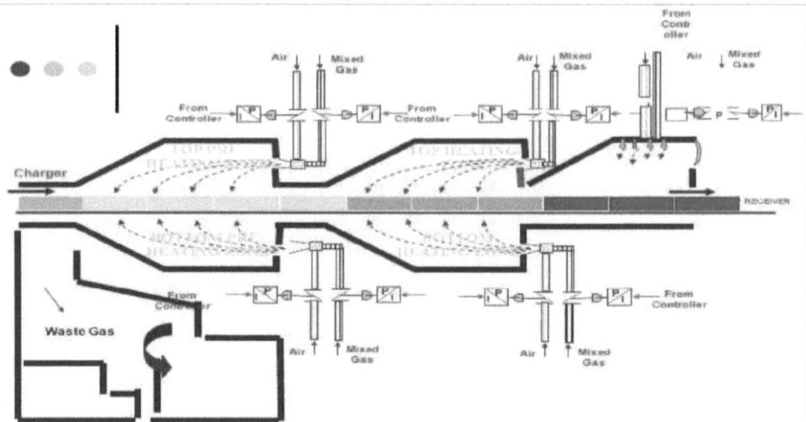

Fig.4.2 Forno de reaquecimento em laminador a quente

O forno está basicamente dividido em três zonas: pré-aquecimento, aquecimento e zonas de imersão. O aquecimento propriamente dito tem lugar na zona de aquecimento. A uniformidade de temperatura até aos limites desejados entre o núcleo e a superfície é alcançada na zona de imersão.

Nas zonas de aquecimento e pré-aquecimento as lajes deslocam-se sobre tubos de derrapagem, que são arrefecidos por sistema de arrefecimento por evaporação utilizando água quimicamente tratada. A vantagem deste sistema é, a melhoria da vida útil das derrapagens, maior efeito de arrefecimento das derrapagens e geração de vapor como subproduto.

Descalcificador-

As placas aquecidas retiradas do forno são primeiro passadas através de um descalcificador hidráulico. Aqui toda a forma de escamas soltas sobre a superfície da laje é removida por jactos de água a alta pressão, operando a alta pressão conhecida como descalcificação da laje.

Vertical e de desbaste...

O primeiro suporte na linha de fluxo de material é o suporte vertical. A principal função do suporte vertical é

1. Afrouxamento da escala a partir da superfície da laje,

2. Para endireitar as arestas laterais, minimizando assim as perdas por corte,

3. Para manter uma boa forma geométrica, aumentando assim o rendimento.

O suporte de desbaste é utilizado para reduzir a espessura do material circulante. O metal é laminado entre dois rolos de trabalho que são suportados por rolos de apoio. Cada rolo de trabalho é accionado por um motor individual. Os rolos de trabalho de reserva rodam devido ao atrito. A laminagem é feita em número de passagens, de acordo com o calendário de elaboração. Para cada passagem entre dois rolos é ajustado através de um mecanismo de aparafusamento operacional. O balanceamento do rolo é hidráulico. A fim de manter o bom acabamento superficial dos produtos, a mudança frequente dos rolos é uma obrigação. Manipuladores fornecidos no lado de entrada e saída do suporte permitem rolar o metal no centro do barril. Rodar - mesas com rolos cónicos dispostos alternadamente podem rodar o material rolante em 90° como e quando necessário. Isto é essencial para que a largura de laminagem transversal da placa seja obtida pela largura da laje. O descalcificador hidráulico fornecido no lado de saída de cada suporte é operado de vez em quando para remover a escala formada na superfície da chapa durante o processo de laminagem.

Todas as placas pesadas são laminadas no suporte de desbaste e depois desviadas para a secção de acabamento de placas pesadas. Para a fabricação de placas leves e médias, o material rolante é transportado para o suporte de acabamento para ser posteriormente laminado.

Bancada de acabamento

O suporte de acabamento é semelhante ao Roughing stand. A principal função do suporte de acabamento é obter uma planicidade uniforme do produto ao longo do comprimento e largura, minimizando a dobragem dos rolos, durante o processo de laminagem.

Cisalhamento de culturas quentes...

A principal função deste processo é o corte no corte de placas laminadas a quente que saem dos suportes de acabamento.
(a) Corte de frente e de costas,
(b) Cortar as placas em mais do que uma peça para acomodar em leitos de arrefecimento.
A tesoura é do tipo guilhotina com uma lâmina superior inclinada. A mesa de rolo de corte de depressão move-se para baixo durante a operação de corte e horizontalmente enquanto empurra os pedaços de colheita. As peças de cultura são cortadas em pequenos pedaços e esta sucata é eliminada fora da loja através de transportadores metálicos.

Niveladores

As placas são depois endireitadas passando-as por niveladores. A temperatura óptima de nivelamento é de 500° a 700°C, o que é conseguido através do arrefecimento das placas no dispositivo de arrefecimento por pulverização ou mantendo-as no leito de transferência quente. Os niveladores consistem num conjunto de rolos dispostos na parte superior e inferior de forma ziguezagueada. O nivelamento das placas é feito passando-as por rolos de trabalho que são suportados por rolos de apoio divididos. Estes rolos são arrefecidos por água. Os rolos de trabalho são accionados por motor através de um suporte de pinhão.

4.2 Mecanismo importante utilizado na laminagem a quente [26]

Empurrador e extractor de laje

Os empurradores são utilizados para empurrar a laje e as placas sobre ou a partir das mesas de rolos. Estes mecanismos têm um único grau de liberdade. Os componentes básicos dos empurradores são cremalheira e pinhão, trem de engrenagem composto, redutor cinemático e interruptores de limite. Os empurradores são accionados por motor, no entanto, os motores CC são normalmente utilizados. O eixo do motor é acoplado ao trem de engrenagem composto e ao redutor cinemático de modo a que a relação de engrenagem correcta seja obtida no eixo de saída que está ligado ao pinhão. As malhas do pinhão com a cremalheira. O empurrador é ligado à cremalheira. O curso do empurrador é controlado pelos interruptores de fim de curso accionados electronicamente. Estes interruptores de fim de curso cortam a alimentação do motor quando o empurrador tiver percorrido o curso desejado. A disposição da cremalheira e do pinhão é lubrificada com massa lubrificante que é fornecida através de bombas de lubrificação. Os trens de engrenagem são lubrificados com óleos através de bombas de óleo. O motor é arrefecido através de ventiladores de ar. A figura mostra o esboço de um mecanismo de empurrar.

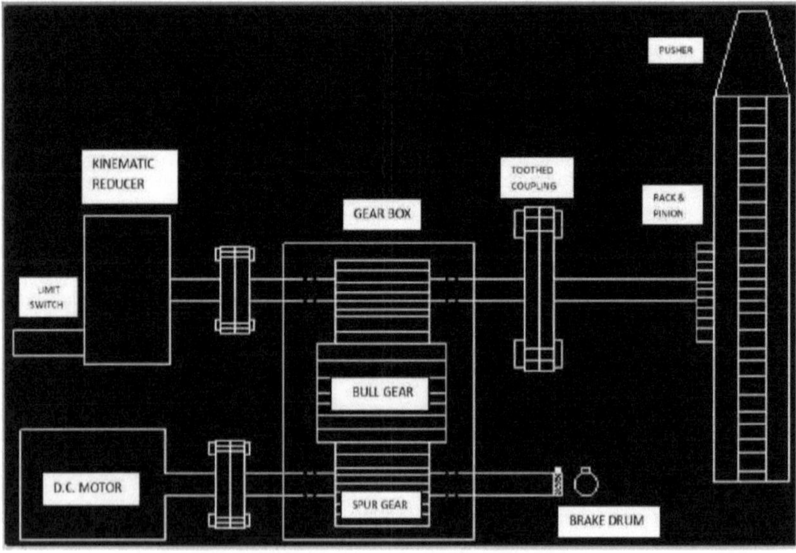

Fig.4.3 Mecanismo do empurrador de laje

Os extractores são utilizados para extrair a laje dos fornos de reaquecimento. As partes principais de um extractor são: carrinho com dedos, empurrador tipo cremalheira e pinhão, redutor cinemático e interruptores de fim de curso. Os dedos dos extractores levantam a laje aquecida e depois colocam a laje sobre a mesa de rolos. O carrinho é ligado ao mecanismo do empurrador por articulações de dobradiças. Quando o óleo sob pressão é fornecido ao lado da barra, então os dedos são levantados levantando assim a laje e quando o óleo sob pressão é fornecido ao lado do pistão, então os dedos movem-se para baixo e deixam a laje sobre a mesa de rolos. A relação de engrenagem desejada é obtida por um redutor cinemático e o comprimento do curso é controlado por interruptores de fim de curso. O mecanismo extractor tem 3 graus de liberdade. A figura mostra o esboço de um mecanismo extractor.

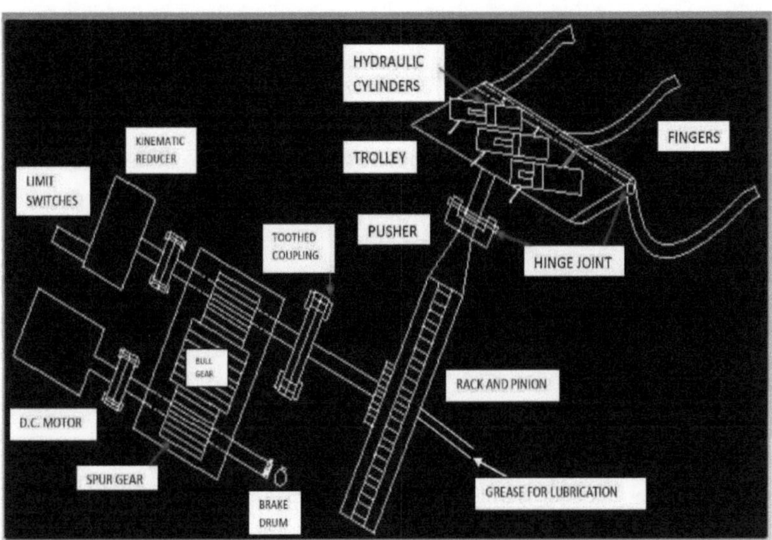

Fig.4.4 Mecanismo do extractor de laje

Manipulador

Os manipuladores são os mecanismos com um único grau de liberdade e utilizados para o alinhamento da laje aquecida antes e depois das passagens de laminagem, a fim de tornar a laje perfeitamente perpendicular ao eixo de laminagem e também para fazer o desvio zero entre a laje e o eixo de laminagem, como mostra a figura. Os manipuladores são operados hidraulicamente ou mecanicamente. As peças principais do manipulador mecânico são a disposição de cremalheira e pinhão, redutor cinemático e interruptores de fim de curso.

Os motores CC são utilizados para fazer funcionar os manipuladores mecânicos. O movimento rotativo do motor é convertido em movimento linear da mandíbula do manipulador com a ajuda da disposição de cremalheira e pinhão.

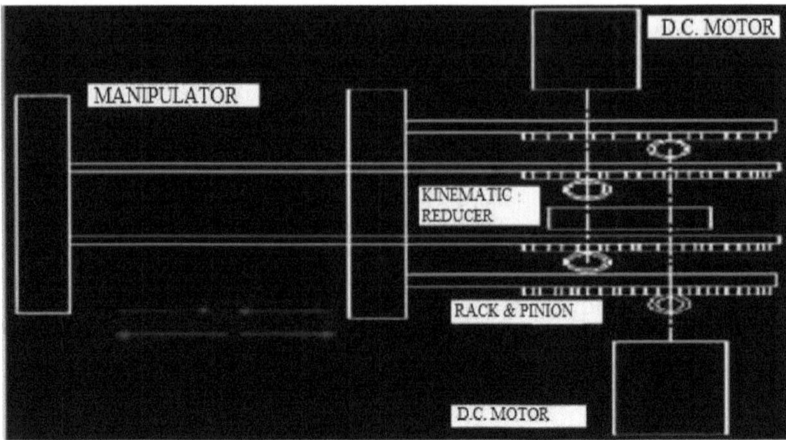

Fig.4.5 Mecanismo do manipulador

O manipulador hidráulico é composto por dois cilindros hidráulicos, válvula de controlo direccional e linhas de fluxo de óleo. Embora os manipuladores hidráulicos sejam rápidos, sofrem de problemas internos e externos de fuga de óleo. Os interruptores de limite são fornecidos em ambos os tipos de manipuladores para controlar a posição extrema para a frente e para trás.

Mecanismo de aparafusamento

O parafuso para baixo para os rolos está sempre localizado na parte superior da caixa do suporte do moinho. A posição de aparafusamento para baixo pré-ajusta a folga do rolo sem carga para cada passagem para a espessura da chapa, o que corresponde à espessura mínima de saída da chapa programada. Se a espessura final da chapa for inferior a 5mm, a folga sem carga é pré-definida pelo mecanismo de aparafusar para 5mm, então o mecanismo de aparafusar é bloqueado e para as restantes passagens a folga sem carga é pré-definida pela força dos cilindros hidráulicos. O mecanismo de aparafusar é um tipo de aparafusamento sem carga e, portanto, só é aberto sem produto na mordedura do moinho. É composto por dois parafusos rotativos verticais, engatados com uma porca fixa. Cada parafuso é accionado através de uma unidade separada do tipo sem-fim por motores individuais de velocidade variável DC. O esboço do mecanismo de aparafusamento é mostrado na Fig. 4.6.

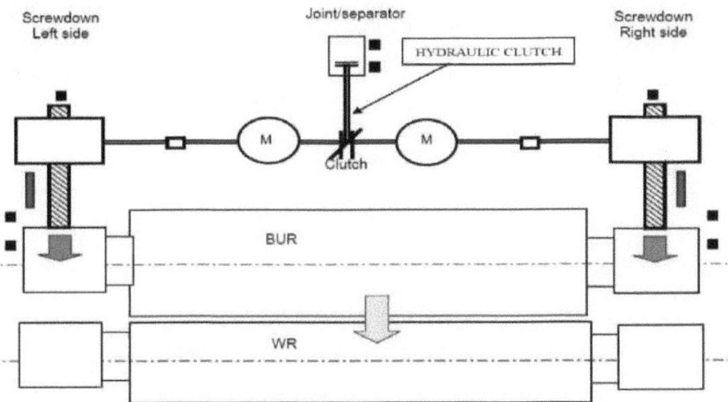

Fig.4.6 Mecanismo de aparafusamento

Os motores podem ser acoplados juntos através de uma embraiagem hidráulica. A embraiagem permite o funcionamento independente dos parafusos para nivelamento e manutenção quando desengatados e o funcionamento síncrono dos parafusos para a operação de rolamento quando engatados.

Os sensores de velocidade do motor (codificador) são ligados ao eixo de transmissão através de uma redutora. Existe um conjunto do sensor para cada parafuso e motor. O sensor para o movimento do parafuso é também gerado por um transdutor de posição linear montado em cada parafuso. Este "desenho da cartola" permite a posição directa e é utilizado como dispositivo de reserva de posição.

Mecanismo de mesa de rolos de transferência

As mesas de rolos de transferência estão equipadas com engrenagens cónicas e engrenagens de dentes rectos para obter a transmissão de potência em função do plano e ângulo do eixo.

Os rolos são accionamentos de grupo, ou seja, vários rolos são accionados por um único motor. A caixa de engrenagens consiste em engrenagens de esporão e engrenagens de touro para obter a redução de velocidade desejada. As engrenagens são fornecidas com óleo lubrificante através de bombas de óleo para um funcionamento eficaz. O esboço do mecanismo das mesas de rolos de transferência é mostrado na Figura-4.7.

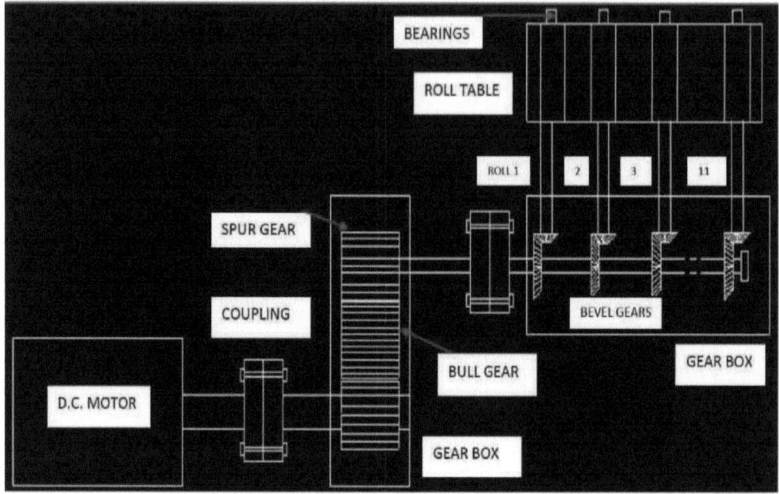

Fig.4.7 Mecanismo da tabela de rolos de transferência

4.3 Sistema de controlo de perfil e planicidade

Sistema HAGC em laminador a quente

A fim de maximizar o desempenho do laminador a quente para produzir placas de alta qualidade, são necessários actuadores rápidos. A resposta dos sistemas hidráulicos e servomecanismos é muito mais rápida do que a resposta dos seus equivalentes eléctricos. Esta é a principal vantagem da utilização de controlo hidráulico de folga de rolos, uma vez que os cilindros de força de rolos podem responder a mudanças nos valores de referência muito mais rapidamente do que um accionador eléctrico. Isto deve-se principalmente à inércia reduzida de um cilindro hidráulico em comparação com um parafuso operado electricamente, que consiste num grande parafuso de moinho accionado por um motor eléctrico através de uma redutora. Os cilindros hidráulicos aplicam a força necessária do cilindro por meio da pressão hidráulica que actua sobre a área do cilindro.

4.3.1 Principais componentes

1. Cilindro de força de rolo hidráulico.
2. Cilindro de válvula servo.
3. Sistema Hidráulico de alta pressão.
4. AGC software e hardware de controlo.
5. Medidores especiais de medição para laminadores (força do rolo, folga do rolo, largura, planicidade)

4.3.2 Funções do AGC (Automatic Gauge Control) Hidráulico

1. espessura do circuito de controlo fechado (AGC) pela equação do medidor;

2. zeragem do espaço do rolo;

3. gravação do módulo do moinho;

4. compensação da expansão térmica dos rolos;

5. compensação de excentricidade de rolos;

O Controlo da Lacuna Hidráulica funciona por dois modos:

> **Controlo de posição** com laço de controlo de força interior, durante a operação de rolagem. O feedback da posição real do cilindro é medido por um transdutor de posição linear, que é eficaz ao longo do curso completo dos cilindros.

> **Controlo da força**, durante a calibração do moinho ou no caso de os limites da força de laminagem serem excedidos. A força real é calculada através dos transdutores de pressão lado do operador e lado do accionamento, lado do pistão e lado da haste.

4.3.3 Controlo HAGC

O princípio do medidor de medida foi desenvolvido para 'medir' a espessura do material a ser laminado a partir do conhecimento da abertura da abertura do rolo e da força medida do rolo.

O funcionamento do controlo do medidor depende do efeito que as alterações do medidor de entrada, ou mudanças de dureza, têm sobre a força de rolagem. Com os RFC's em controlo de posição, se a espessura do material que entra na mordida aumentar e o cilindro for mantido constante, então a força de rolagem aumentará. A magnitude do aumento da força de rolagem é uma medida da mudança do calibre de entrada. Medindo as alterações da força de rolagem temos, portanto, uma medida indirecta do calibre de entrada. Quando soubermos o que é isto, podemos tentar compensar as alterações para produzir um calibre de saída consistente. Para compensar a posição do cilindro é ajustada pela quantidade apropriada. A folga do cilindro é inicialmente definida para o gabarito de referência. Quando o material é introduzido na mordedura do rolo, ou seja, o espaço entre os rolos de trabalho, é feita uma redução na espessura e é desenvolvida uma força que faz com que os rolos se distanciem à medida que o suporte do moinho se estica elasticamente. A adição de uma guarnição à fenda do rolo, através dos RFC's, com base na característica de estiramento do moinho de Força vs Estiramento, pode compensar a quantidade de estiramento produzido pela mudança de força.

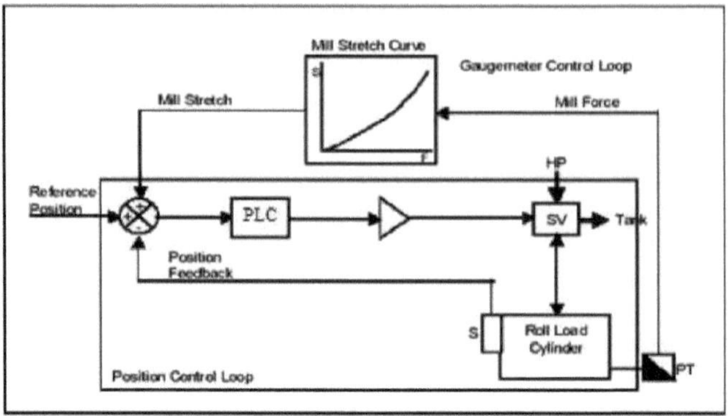

Fig. 4.8 Sistema de controlo HAGC

A força do cilindro desenvolvida pode ser medida utilizando os transdutores de pressão do cilindro, uma vez que a força é proporcional à pressão vezes a área do cilindro. A quantidade de estiramento contra a força aplicada ao moinho pode ser calibrada através da extensão progressiva dos cilindros para desenvolver força no moinho. Na prática, é utilizado um procedimento automático para medir o alongamento, que armazena a curva resultante no computador do sistema de controlo.

Quando toda a correcção calculada a partir da força medida é aplicada, isto é frequentemente referido como Gaugemeter "Absoluto". Na prática, é frequentemente necessário um factor de ganho e esta fracção do Gaugemeter é definida durante a colocação em serviço. O Medidor de Medição Absoluta produzirá o medidor de objectivo necessário para a passagem que está a ser enrolada. Um método alternativo de controlo é utilizar o Gaugemetro 'Lock-on' ou 'Delta'. Ao utilizar o Gaugemetro Delta-Gaugemeter, a folga do rolo é definida para o medidor alvo mais a compensação do estiramento do moinho previsto com a força prevista. Quando o material entra na mordedura do rolo, a espessura real do produto pode ser diferente do alvo se as características reais do material não forem as mesmas que as previstas. Uma trava delta-Gaugemeter sobre o estado da cabeça e depois controla até este novo ponto de operação e assim rola o produto com uma espessura consistente que pode ser diferente da espessura do alvo.

4.3.4 Cálculo da força de separação

A força separadora é calculada por transdutores de pressão.

Para cada lado, a força do cilindro hidráulico F_{hc} é calculada da seguinte forma:

$$F_{hc} = P_m \times A_m - Weight_{piston}$$

P_m proveniente de transdutores de pressão

Peso constante do $p_{istão}$

Área do pistão lateral principal constante

Então a força separadora total Fsep pode ser calculada da seguinte forma:

$$F_{sep} = [F_{hc\_OS} + F_{hc\_DS}] - [Weight_{BUR\_assembly} + Weight_{WR\_assembly}]$$

Fhc_OS força do cilindro hidráulico do SO (lado do operador)

Fhc_DS força do cilindro hidráulico do DS (lado de acionamento)

PesoBUR_assembly peso constante dos rolos de apoio

PesoWR_assembly peso constante dos rolos de trabalho

4.3.5 Características do sistema HAGC

Melhorar a qualidade do produto

> Satisfazer as necessidades de tiras de aço de alta qualidade
> Obter um preço mais elevado do que o da concorrência e, portanto, maior lucro
> Fortaleça o reconhecimento da sua marca

Reduzir o custo

> Reduzir a percentagem de sucata de aço
> Melhorar rapidamente a eficiência produtiva
> Reduzir a taxa de falhas, encurtar o custo do tempo para uma falha clara de cada vez.

Controlo visível

> Mostrar objectivamente os dados de medição no processo de laminagem.
> Avalie com precisão o modelo do produto e a classe de qualidade.

4.4 Detalhes do software utilizado para simulação

4.4.1 Introdução

Agora é necessário um dia mais e mais de alta qualidade dos produtos de aço para o desenvolvimento de maquinaria automóvel e industrial. Portanto, é necessário realizar experiências que são muito dispendiosas devido ao elevado custo da maquinaria. A fim de reduzir o custo e melhorar a eficiência da produção, a simulação numérica é amplamente utilizada para o processo de conformação e torna-se muito importante para a concepção e desenvolvimento industrial.

4.4.2 Laminagem plana

A laminagem plana é a forma mais básica de laminagem com o material inicial e final com uma secção transversal rectangular. O material é alimentado entre dois rolos, chamados rolos de trabalho que rodam em direcções opostas. O espaço entre os dois rolos é inferior à espessura do material de partida, o que provoca a sua deformação. A diminuição da espessura do material faz com que o material se alongue. A fricção na interface entre o material e os rolos faz com que o material seja empurrado através dele. A quantidade de deformação possível numa única passagem é limitada pelo atrito entre os rolos; se a alteração na espessura for demasiado grande, os rolos simplesmente deslizam sobre o material e não o atraem para dentro.

A redução da espessura do processo de laminagem plana do fio refere-se à redução teórica da altura, que é chamada de relação de redução de laminagem, que é definida como

$$R = (h_o - h_f)/\ h_o = 1 - h_f/\ h_o$$

Onde h_o e h_f é a espessura de entrada e saída da laje durante o processo de laminagem.

4.4.3 Software de análise de elementos finitos DEFORM-3D

O processo de conformação do metal é um dos mais antigos processos de fabrico. Para avaliações e redesenho do processo de conformação do metal é muito dispendioso e demorado. Para avaliações e redesenho, este processo de conformação é substituído por uma simulação mais eficiente por computador. Agora, a simulação por computador é continuamente utilizada pela indústria para uma rápida avaliação e optimização dos processos de conformação antes de qualquer ensaio físico real. DEFORM-3D é um dos mais populares softwares utilizados por investigadores e indústrias.

DEFORM-3D tem três componentes importantes...

1. Pré-processador
2. Simulação
3. Pós-processador

Pré-processador: Concepção para estabelecer as condições de entrada da análise do processo de conformação.

Simulação: De acordo com os dados introduzidos, a simulação de elementos finitos efectua os cálculos numéricos para resolver o problema.

Pós-processador: Um pós-processador para ler os ficheiros da base de dados a partir do motor de simulação e exibir os resultados graficamente e para extrair dados numéricos. O pós-processador é utilizado para visualizar os dados da simulação após a simulação ter sido executada. O pós-processador apresenta uma interface gráfica de utilizador para visualizar a geometria, dados de campo como deformação, temperatura e tensão, e outros dados de simulação, como cargas de matrizes. O pós-processador também pode ser utilizado para extrair dados gráficos ou numéricos para utilização em outras aplicações.

Pré-Processador

A disposição do Pré-Processador é classificada em 4 secções, como se mostra na figura 4.9.

1. Janela de exposição
2. Janela da lista de projectos
3. Janela de registo do projecto
4. Janela de definição e modificação

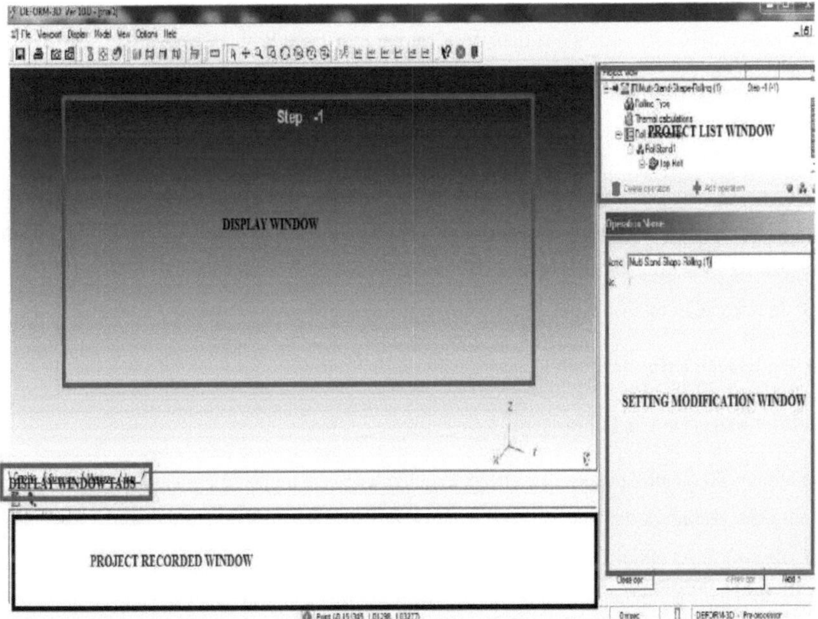

Fig.4.9 Layout do Pré-Processador

Janela de visualização - A janela de visualização mostrada na figura acima onde os rolos e a peça são visualizados e a informação geométrica é mostrada.

Janela da lista de projectos - A janela da lista de projectos é mostrada na Figura. O objectivo desta janela é fornecer uma lista sistemática dos dados necessários para uma dada simulação. Os dados da lista são editados na janela de modificação de definições.

Janela de registo do projecto - A janela de registo do projecto mostra a informação dos passos antes de entrar no pré ou pós-processador. Qualquer passo pode ser seleccionado para ver os resultados no pós-processador ou modificar as definições no pré-processador.

Janela de definição e modificação - Como o projecto está a ser construído, a maior parte da informação é especificada na janela de definição de modificação (Ver Figura 4.9). Ao clicar em Seguinte nesta janela, o utilizador poderá percorrer a lista de projectos em ordem. Cada janela terá um efeito na forma como a simulação é executada.

Simulação

Quando todos os dados necessários são fornecidos nas etapas do pré-processador, o sistema de simulação verifica se faltam dados e gera uma base de dados. A simulação inicia e inicia uma série de operações para executar a simulação e gerar novas malhas, conforme necessário. A informação do tempo de execução será escrita nos ficheiros ProblemId.MSG e ProblemId.LOG.

Pós-Processador

O pós-processador com uma variedade de características e gráficos permite aos engenheiros verificar os resultados do modelo e apresentá-los de forma a compreender os resultados do modelo de uma forma eficiente. O pós-processador é utilizado para visualizar e extrair dados dos resultados da simulação no ficheiro da base de dados. Todos os passos dos resultados que foram guardados pelo motor de simulação estão disponíveis no pós-processador.

4.4.4 Modelação e simulação de processos de laminagem

Definindo o processo de laminagem

Nesta simulação são utilizadas a convenção de unidades SI e o modo de simulação de tipo incremental langrangiano, simula a deformação devida ao efeito mecânico (efeito combinado de compressão e tensão de corte). As condições ambientais como Temperatura, Coeficiente de transferência de calor, etc. são definidas. É também definido o coeficiente de fricção entre os rolos e a peça de trabalho. A temperatura ambiental e o coeficiente de fricção são considerados como 30°C e 0,3 respectivamente. Neste processo é também definido o número de etapas utilizadas para o processo de simulação.

Material utilizado

A peça de trabalho e o material Rolls utilizado no processo de simulação são, respectivamente, material plástico e material rígido. Os materiais utilizados como peças de trabalho num processo de simulação são AISI 1016, AISI 1025 & AISI 1035 graus de aço e a temperatura do material da peça de trabalho é de 900°C, 1000°C e 1100°C respectivamente.

Quadro 4.1-Composição de diferentes graus de aço

	FERRO	CARBONO	MANGANÊS	SULFUR	FOSPOROUS
AISI1016	98.13-99.58	0.12-0.18	0.60-0.90	< 0.050	< 0.040
AISI1025	99.03-99.48	0.22-0.28	0.30-0.60	< 0.050	< 0.040
AISI 1035	98.63-99.09	0.310-0.380	0.60-0.90	< 0.050	< 0.040

Descrição do objecto

Neste processo de simulação são utilizadas placas rectangulares de secção transversal e rolos de forma cilíndrica. A dimensão da peça de trabalho utilizada na laminagem é de 250X1800X3000 mm^3 ; o diâmetro e o comprimento dos rolos são de 1200mm e 3000mm. As dimensões da peça de trabalho e dos rolos são mostradas na figura. Depois de definidas as dimensões da peça de trabalho e dos rolos, é gerada uma malha muito fina.

Malha de elementos finitos

A malha de elementos finitos utilizada nesta simulação para um modelo completo da laje é mostrada na Fig. 4.10. O tipo de elemento é elemento de tijolo com número total de elementos de 3888 e número total de nós de 5180 nós.

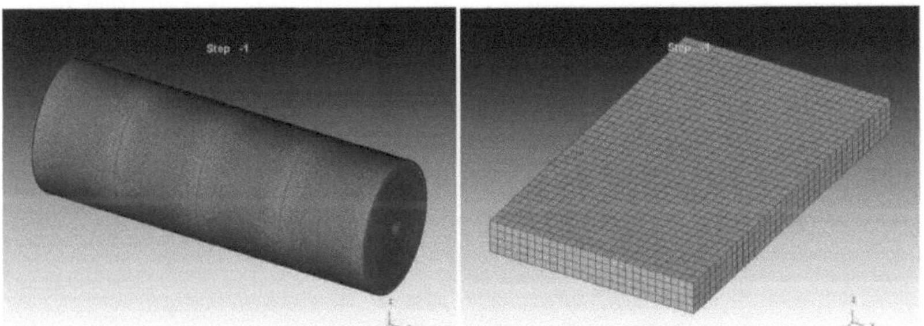

Fig.4.10 Modelo de malha de elementos finitos

Relação inter-objecto

A importância das relações entre objectos é definir como os diferentes objectos numa simulação interagem uns com os outros. Todos os objectos que podem entrar em contacto uns com os outros através da

O curso da simulação deve ter uma relação de contacto definida. Isto inclui um objecto que tenha uma relação com ele, se ocorrer auto-contacto. É muito importante definir correctamente estas relações para que uma simulação possa modelar com precisão um processo de formação. A relação entre objectos entre peça de trabalho e rolos é mostrada na figura 4.11.

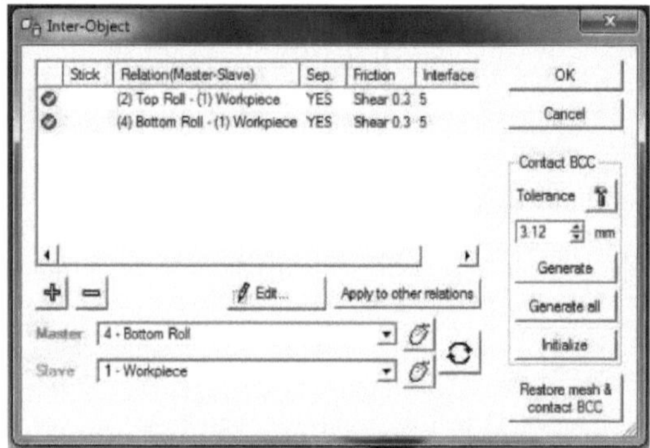

Fig.4.11 Relação inter-objecto

Movimento de objectos...

A peça de trabalho move-se linearmente no sentido X com uma velocidade de 2700mm/seg. Combina efeito de força de corte e força compressiva aplicada sobre a peça de trabalho, de modo a que a deformação ocorra na direcção z-. Os rolos rodam em torno do eixo y com uma velocidade de 45 rpm. A direcção do movimento entre a peça de trabalho e os rolos é mostrada na figura 4.12.

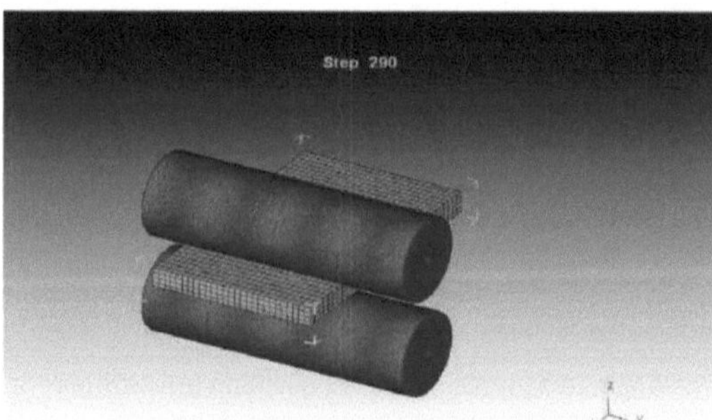

Fig.4.12 Movimento de objectos

Condições de fronteira...

A peça de trabalho só está a deformar-se no sentido z. Não há deformação na direcção y. A temperatura da peça de trabalho está uniformemente distribuída em todas as direcções.

Execução da simulação e Pós-Processamento...

Inicialmente definir o problema num pré-processador e depois simular o problema, após o que analisar os resultados num pós-processador. O pós-processador é utilizado para visualizar os dados de simulação após a simulação ter sido executada. O pós-processador apresenta uma interface gráfica do utilizador para visualizar a geometria, dados de campo como deformação, temperatura e tensão, e outros dados de simulação como a força de rolo. O pós-processador também pode ser utilizado para extrair dados gráficos ou numéricos para utilização em outras aplicações. Depois descobrir a variação da tensão efectiva, tensão efectiva, taxa de deformação e variação da velocidade durante o processo de laminagem a quente.

4.5 Modelação FEM de laminagem plana

Um software baseado em FEM DEFORM-3D é utilizado no presente trabalho para simular o processo de laminagem plana. O DEFORM-3D é um software dinâmico não linear que pode simular diferentes tipos de processo de conformação de metal como forjamento, extrusão, trefilação profunda e estiramento, para prever a tensão, tensão, distribuição da espessura, a forma dos produtos, a carga do punção e o efeito de vários parâmetros de desenho de ferramentas na eficiência do processo e no produto final. A durabilidade do problema do valor limite e o problema da variação podem ser vistos claramente ao considerar a construção da função:

$$\pi = \int_{v} \sigma\,\varepsilon\,\partial v + \int_{s} F\,u\,\partial s$$

Onde, σ é a tensão eficaz, s é a tensão eficaz, F representa a tracção superficial e, u são os componentes da velocidade. A forma variacional para a discretização de elementos finitos é dada por:

$$\delta\pi = \int_{v} \sigma\,\delta\varepsilon\,\partial v + \int_{v} \epsilon\,\delta\epsilon\,\partial v + \int_{s} F\,\delta u\,\partial s$$

Onde, k é constante de penalização, e é a taxa de tensão volumétrica, n é funcional da energia total e do trabalho. *Ss* e *Se* são as variações da taxa de deformação efectiva e da taxa de deformação volumétrica. As equações acima são a equação básica para a formulação de elementos finitos.

A parte mais importante e crucial da simulação em software é a selecção do modelo material apropriado. DEFORM-3D contém vários modelos de material (para material elástico-plástico, plástico rígido e poroso), e cada modelo tem uma aptidão diferente, pelo que a selecção do modelo de material correcto, de acordo com a necessidade principal de obter a saída exacta ou resultados simulados. A maioria dos modelos de material requer propriedades detalhadas do material, tais como o módulo de elasticidade de Young, expoente de endurecimento por deformação, coeficiente de anisotropia (R0, R45 e R90) e coeficiente de resistência, etc., como entrada para o pré-processador antes de executar o solver. Para além das propriedades do material, o pré-processador também requer a introdução de parâmetros detalhados do processo, tais como coeficiente de fricção, velocidade de rolamento, espessura final, etc.

CAPÍTULO-5

RESULTADOS & DISCUSSÃO

5.1 Análise de tensão eficaz, tensão eficaz e variação de velocidade das qualidades AISI 1016, AISI 1025, AISI 1035 de aço.

Neste caso, o software de análise de elementos finitos DEFORM-3D é utilizado para simular a laminagem plana. O material das peças de trabalho é de três graus diferentes: AISI 1016, AISI 1025 e AISI 1035, respectivamente. A dimensão da peça de trabalho é de 250x 1800x 3000 mm^3 , como mostra a figura 5.1. O diâmetro do rolo é de 1200 mm e a velocidade de rolagem é de 45rpm. O coeficiente de atrito entre a peça de trabalho e o rolo é de 0,3. A temperatura da peça de trabalho é de 900°C. A peça de trabalho é utilizada como um modelo de plástico rígido para simular a laminagem plana. A resistência máxima à tracção das qualidades de aço AISI 1016, AISI 1025 e AISI 1035 é de 420 MPa, 440 MPa, e 585 MPa respectivamente. O rolo é modelado como um corpo rígido com velocidade de rotação prescrita. O processo com dois rolos é simulado. Como resultado da simulação numérica, é possível prever a tensão e a tensão efectiva.

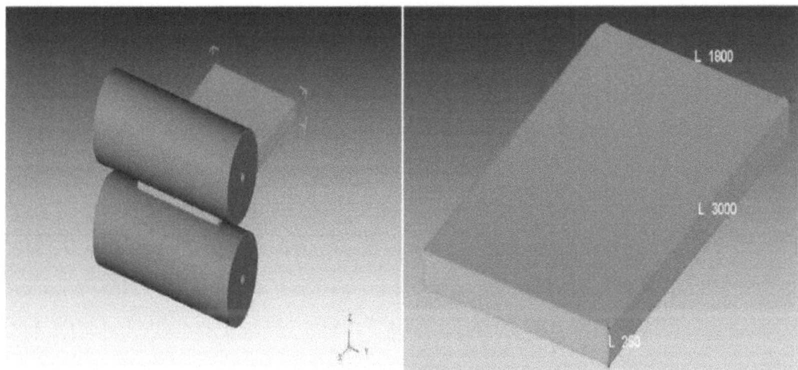

Fig.5.1 Parâmetros de enrolamento

Tabela 5.1 Parâmetros de enrolamento

Parâmetro	Valor
Largura	1800mm
Comprimento	3000mm
Espessura de entrada	250mm
Espessura de saída	225mm
Redução	10%
Temperatura	900°C
Velocidade de rotação	45rpm
Diâmetro do rolo	1200mm
Largura de rolo	3000mm
Coeficiente de fricção	0.3

5.1.1 Distribuição eficaz de tensões

As distribuições da tensão efectiva no perímetro da secção transversal são as indicadas nas Figuras 5.2, 5.4 e 5.6, respectivamente. Neste processo de laminagem, os rolos aplicam a força compressiva sobre a peça de trabalho e depois a deformação pode ter lugar a espessura inicial da laje é de 250 mm e após a laminagem reduz-se para 225 mm. Durante o processo de laminagem, a deformação em largura é insignificante e as dimensões alteram-se apenas no lado do comprimento e da espessura. Neste estudo analisa-se o comportamento de tensão de três tipos de aço diferentes AISI 1016, AISI 1025 e AISI 1035 cuja percentagem de carbono é de 0,16%, 0,25% e 0,35% respectivamente. As tensões máximas efectivas para AISI 1016, AISI 1025 e AISI 1035 são cerca de 164 MPa, 174 MPa, e 292 MPa respectivamente. Neste estudo, a tensão eficaz é menor do que a força máxima. Indicou que a fissura do perímetro não ocorrerá através do processo de laminação plana no estudo actual.

5.1.1.2 Distribuição eficaz de tensões para a qualidade de aço AISI 1016

Fig.5.2 representa 100th , 500th e 900th etapas de distribuição do stress efectivo para a AISI 1016 grau de aço a 900°C e fig.5.3 apresenta uma distribuição de tensões eficaz em forma gráfica.

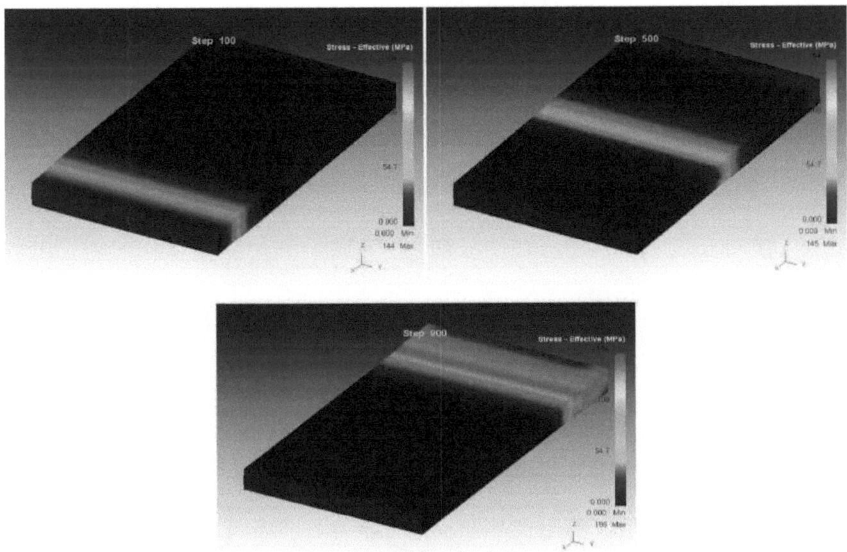

Fig.5.2-Distribuição de stress efectivo em torno da laje (AISI 1016)

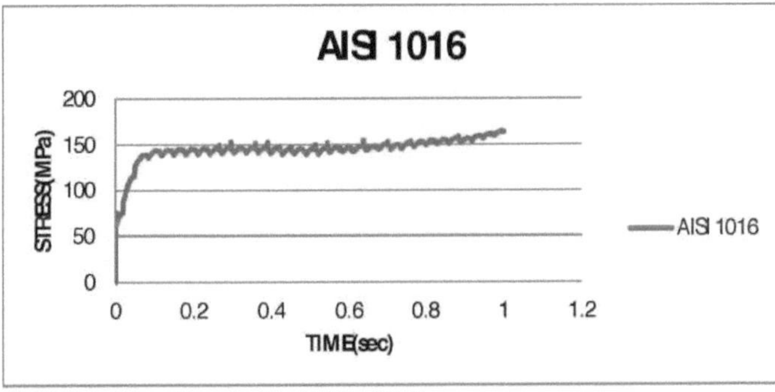

Fig.5.3-Distribuição eficaz das tensões (AISI 1016)

Fig.5.4 representa 100th , 500th e 900th etapas de distribuição de stress efectivo para AISI 1025 grau de aço a 900 °C e fig.5.5 apresenta uma distribuição de tensão eficaz em forma gráfica.

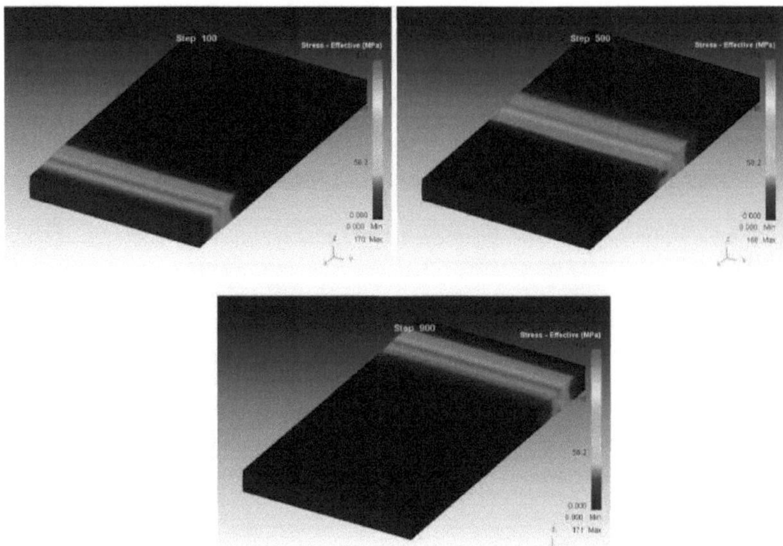

Fig.5.4-Distribuição de stress efectivo em torno da laje (AISI 1025)

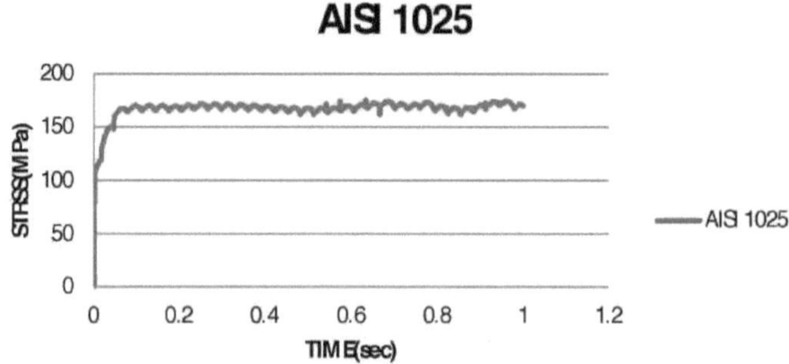

Fig.5.5-Distribuição eficaz do stress (AISI 1025)

Fig.5.6 representa 100th , 500th e 900th etapas de distribuição de stress efectivo para AISI 1035
grau de aço a 900°C e fig.5.7 apresenta uma distribuição de tensões eficaz em forma gráfica.

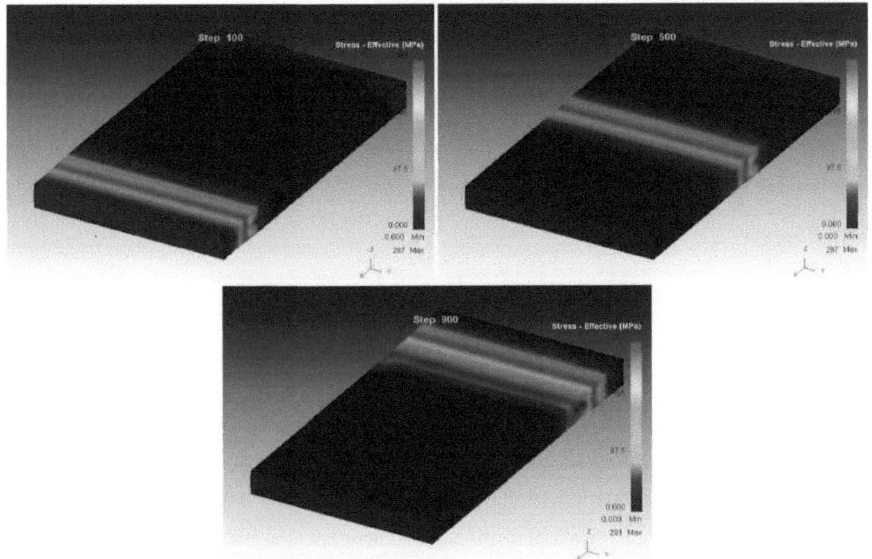

Fig 5.6 istribuição do stress efectivo em torno da laje (AISI 1035)

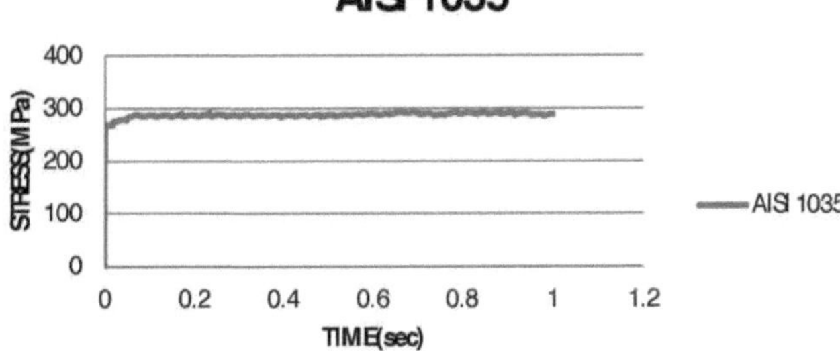

Fig.5.7-E distribuição eficaz de tensão (AISI 1035)

5.1.1.4 Comparação eficaz de tensões nas qualidades de aço AISI 1016, AISI 1025 e AISI 1035

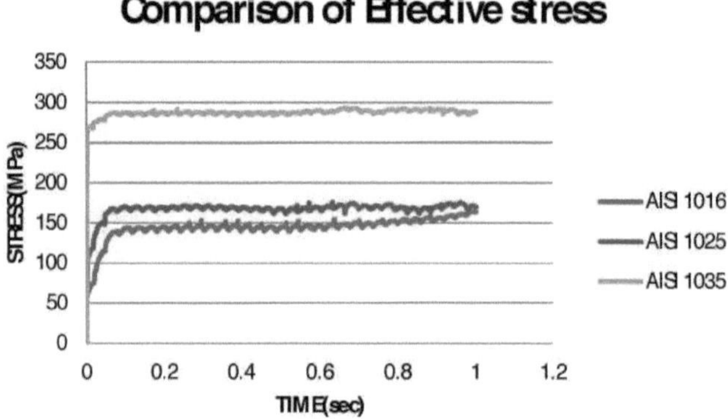

Fig 5.8 Comparação da tensão efectiva de três graus de aço diferentes

A figura 5.8 representa a comparação da distribuição eficaz da tensão de três graus diferentes de aço. Após a comparação de três graus de aço diferentes, descobrimos que a tensão eficaz é inferior à tensão de ruptura final; indicou que a fenda do perímetro não ocorrerá através do processo de laminagem plana no estudo actual. Os resultados também mostram que quando a percentagem de carbono aumenta, então a tensão efectiva aumenta.

5.1.2 Distribuição eficaz da tensão

As figuras 5.9, 5.11, 5.12 mostram a distribuição eficaz da tensão de laminagem plana para redução de laminagem de 9% (de $hi=250mm$ laminado para $ho = 225mm$). A tensão mínima efectiva está no centro da laje e a tensão máxima efectiva está na superfície da laje. Das Figuras 5.10, 5.12 e 5.14 pode-se verificar que a deformação no processo de laminagem plana é não homogénea.

Fig.5.9 representa 100th , 500th e 900th passos de distribuição de deformação eficaz para a qualidade AISI 1016 de aço a 900°C e a fig.5.10 apresenta a distribuição de deformação eficaz em forma gráfica no centro e superfície da peça de trabalho.

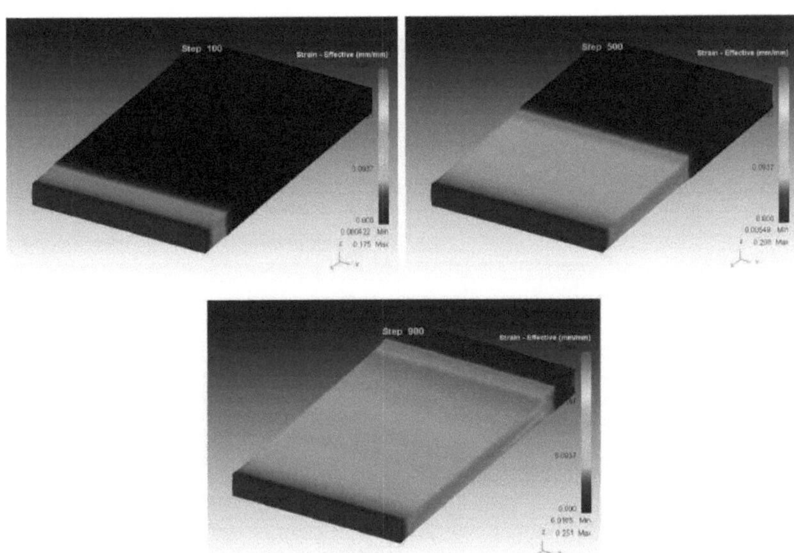

Fig.5.9-Distribuição de tensão eficaz em torno da laje (AISI 1016)

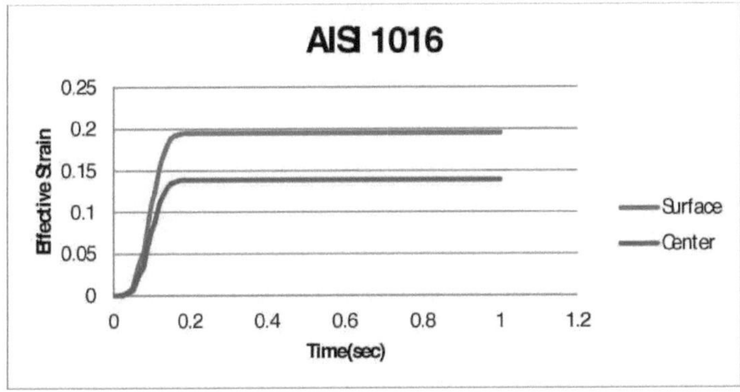

Fig.2.10-Distribuição eficaz da tensão (AISI 1016)

5.1.2.2 Distribuição de estirpes em aço AISI 1025

Fig.5.11 representa 100th , 500th e 900th passos de distribuição de deformação eficaz para a qualidade AISI 1025 de aço a 900°C e a fig.5.12 apresenta a distribuição de deformação eficaz em forma gráfica no centro e superfície da peça de trabalho.

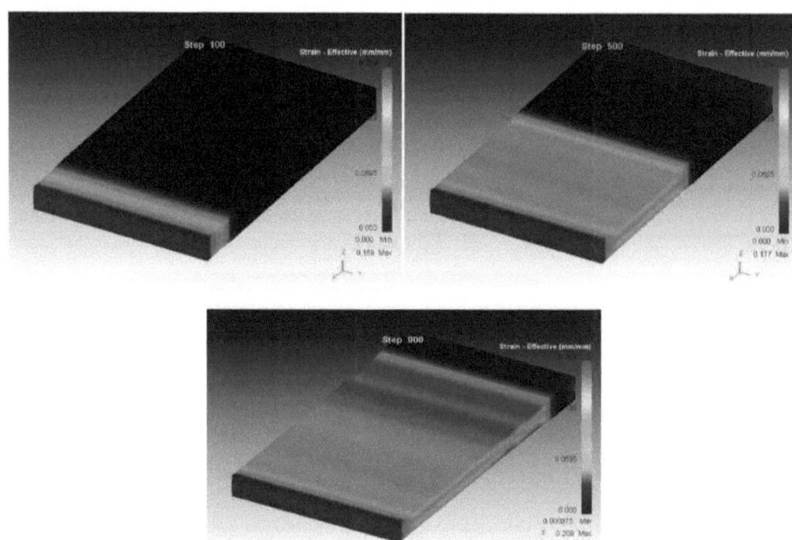

Fig.5.11-Distribuição de tensão eficaz em torno da laje (AISI 1025)

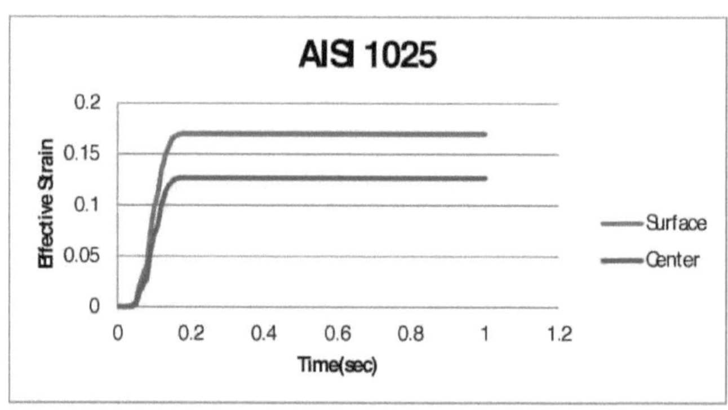

Fig.5.12-Distribuição eficaz da tensão (AISI 1025)

Fig.5.13 representa 100th , 500th e 900th passos de distribuição de deformação eficaz para aço de grau AISI 1035 a 900°C e fig.5.14 apresenta a distribuição de deformação eficaz em forma gráfica no centro e superfície da peça de trabalho.

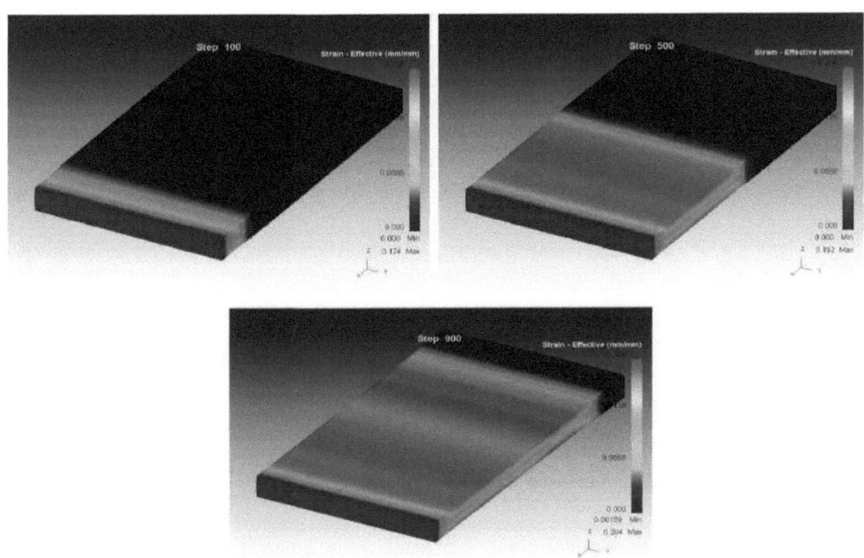

Fig.5.13-Distribuição de tensão eficaz em torno da laje (AISI 1035)

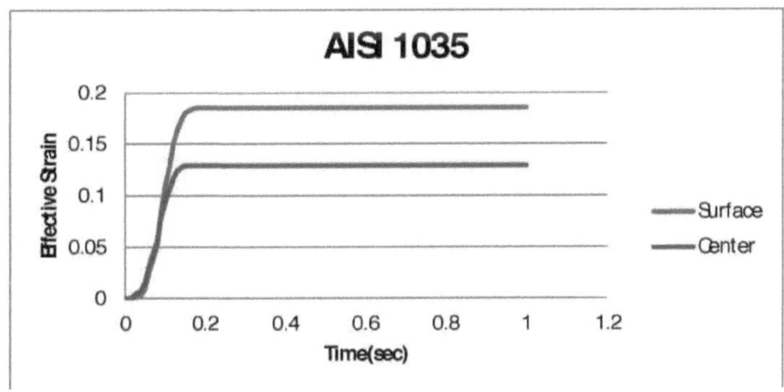

Fig.5.14-Distribuição eficaz da tensão (AISI 1035)

Fig.5.10, 5.12 e 5.14 representa a distribuição eficaz de tensão de três graus diferentes de aço AISI 1016, AISI 1025 e AISI 1035 no centro e superfície da laje. Após comparação de três tipos de aço diferentes, descobrimos que a deformação no processo de laminagem plana é não homogénea e que a deformação mínima efectiva está no centro da laje e a deformação máxima efectiva está na superfície da laje.

5.1.3 Variação da velocidade durante a laminagem

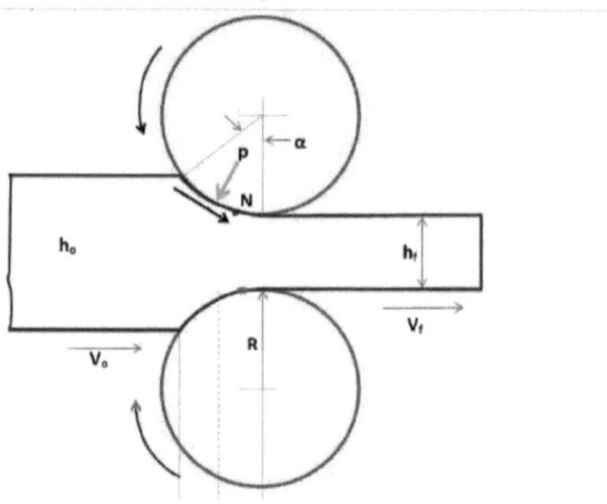

Fig.5.15 Variação da velocidade durante a laminagem

A partir do diagrama acima, notamos que a velocidade da tira aumenta de v_o para v_f à medida que passa através dos rolos. Este aumento de velocidade ocorre a fim de satisfazer o princípio da constância do volume do boleto durante o processo de deformação.

$$h_o w V_o = h_f w V_f$$

w é a largura da faixa, que se assume ser constante durante a laminagem.

A partir da equação acima descobrimos que a velocidade da tira aumenta durante a laminagem, à medida que passa entre os rolos. Em alguma secção, a velocidade dos rolos e a velocidade das tiras são iguais. Este ponto é chamado ponto neutro. À frente do ponto neutro, a tira está a seguir atrás dos rolos. Para além do ponto neutro, a tira conduz os rolos.

As figuras 5.16, 5.17 e 5.18 mostram a variação de velocidade de três graus diferentes de aço AISI 1016, AISI 1025 e AISI 1035, respectivamente, durante o processo de laminagem a quente.

5.1.3.1 Variação de velocidade em aço de grau AISI 1016

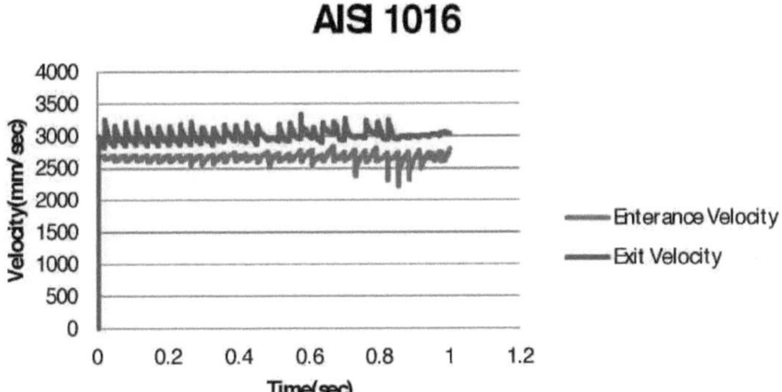

Fig.5.16- Variação de velocidade em aço de grau AISI 1016

5.1.3.2 Variação de velocidade em aço de grau AISI 1025

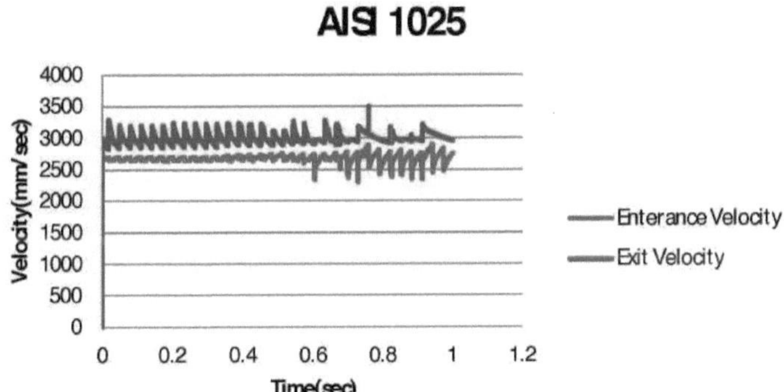

Fig.5.17- Variação de velocidade em aço de grau AISI 1025

5.1.3.4 Variação de velocidade em aço de grau AISI 1035

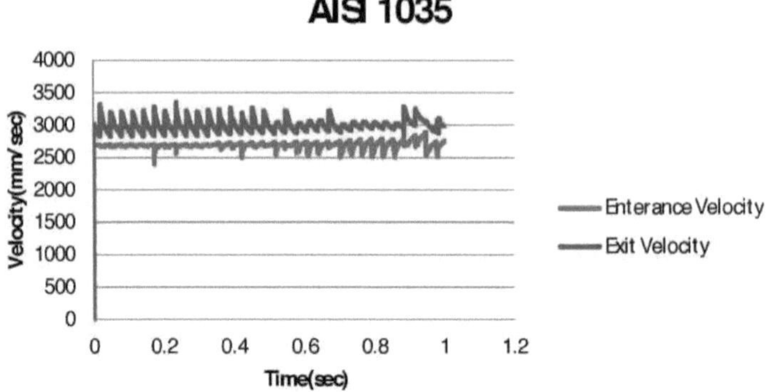

Fig.5.18- Variação de velocidade em aço de grau AISI 1035

No processo de laminagem, a velocidade mínima e máxima estão à entrada e à saída dos rolos. Neste caso, a velocidade de entrada é de 2700mm/seg. Durante o processo de laminagem, o fluxo volumétrico é constante e a espessura reduz 250mm para 225mm. Assim, a velocidade de saída é de 3000mm/seg. figuras 5.16, 5.17, 5.18 representam a variação da velocidade devido à força de separação dos rolos, a deflexão dos rolos e o estiramento do laminador de rolos, a variação da velocidade tem lugar num gráfico.

5.2 Análise de tensão efectiva, tensão efectiva, taxa de deformação e variação da velocidade do aço AISI 1016 a 900°C, 1000°C, e 1100°C

Neste caso, o software de análise de elementos finitos DEFORM-3D é utilizado para simular a laminagem plana. Neste caso, o aço de grau AISI 1016 é utilizado como material de peça de trabalho. A dimensão da peça de trabalho é de 250x 1800x 3000 mm³ como mostra a figura. A peça de trabalho é analisada a três temperaturas diferentes: 900°C, 1000°C, e 1100°C respectivamente. O diâmetro do rolo é de 1200 mm e a velocidade de rolagem é de 45rpm. O coeficiente de atrito entre a peça de trabalho e o rolo é de 0,3. A peça de trabalho é utilizada como um modelo de plástico rígido para simular a laminagem plana. O rolo é modelado como um corpo rígido com velocidade de rotação prescrita. O processo com dois rolos é simulado. A resistência máxima à tracção de aço AISI 1016 é de 420Mpa.

Tabela 5.2 - Parâmetros de enrolamento

Parâmetro	Valor
Largura	1800mm
Comprimento	3000mm
Espessura de entrada	250mm
Espessura de saída	225mm

Redução	9%
T emperatura(variável)	900°C, 1000°C, 1100°C
Velocidade de rotação	45rpm
Diâmetro do rolo	1200mm
Largura de rolo	3000mm
Coeficiente de fricção	0.3

5.2.1 Distribuição eficaz de tensões

De acordo com os resultados da simulação, as distribuições da tensão efectiva no perímetro da secção transversal são as mostradas nas figuras 5.19, 5.21 e 5.23, respectivamente. A figura é o resultado simulado de h_i = 250 mm rolando para h_o=225 mm. As tensões máximas efectivas para a qualidade de aço AISI 1016 a 900°C, 1000°C e 1100°C são de 164 Mpa, 122 Mpa, e 87,3 Mpa respectivamente. Neste estudo, a tensão eficaz é menor do que a resistência máxima. Indicou que a fenda do perímetro não irá ocorrer através do processo de laminagem plana no estudo actual.

5.2.1.5 Distribuição eficaz de tensões para a qualidade de aço AISI 1016 a 900°C

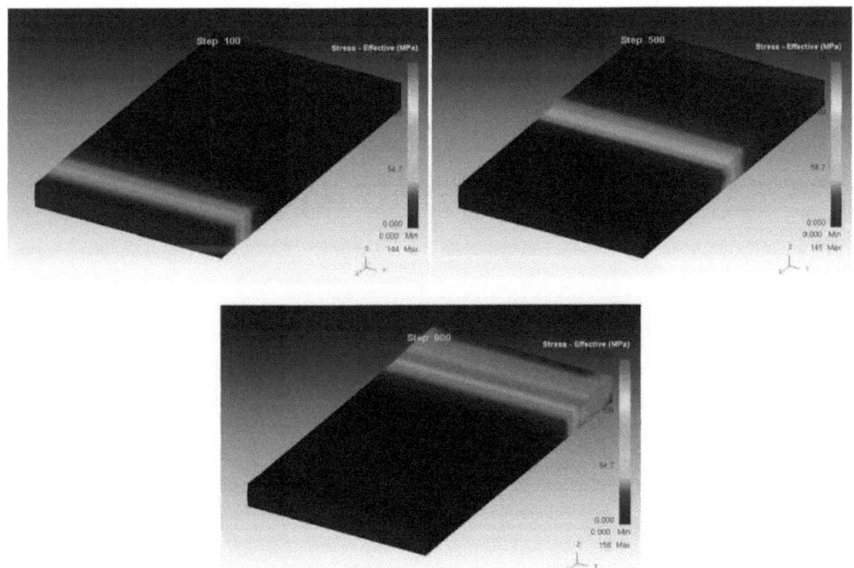

Fig.5.19-representa 100th , 500th e 900th passos de distribuição de tensões efectivas para o grau AISI 1016 de aço a 900°C e fig.5.20 apresenta a distribuição de tensões efectivas em forma gráfica.

Fig.5.19-Distribuição de tensão eficaz em torno da laje (AISI 1016 a 900°C)

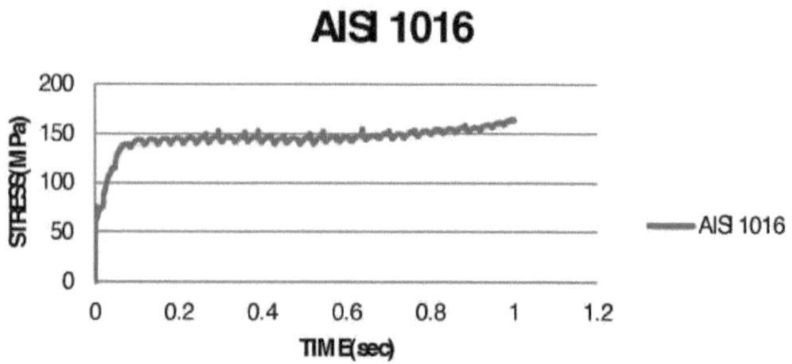

Fig.5.20-Distribuição eficaz das tensões (AISI 1016 a 900°C)

Fig.5.21 representa 100th , 500th e 900th etapas de distribuição do stress efectivo para a AISI 1016 grau de aço a 1000°C e fig.5.22 apresenta a distribuição eficaz de tensões em forma gráfica.

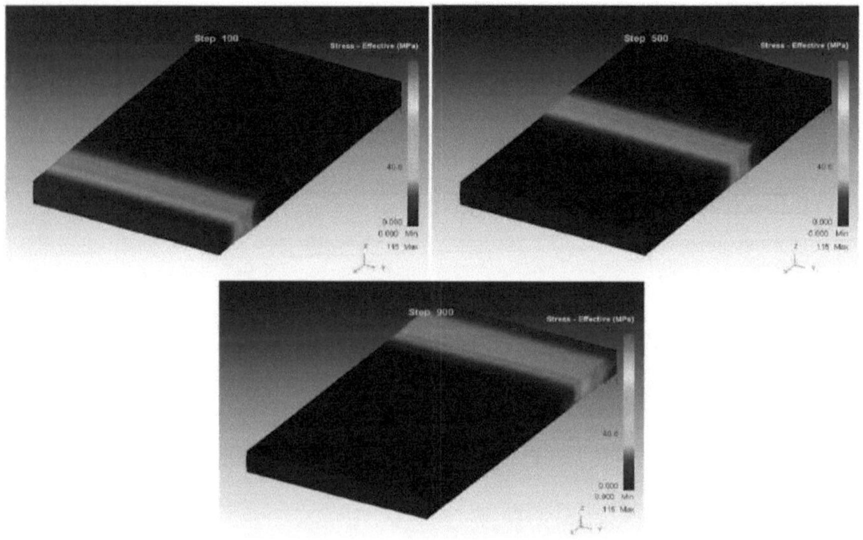

Fig.5.21-Distribuição de tensão eficaz em torno da laje (AISI 1016 a 1000°C)

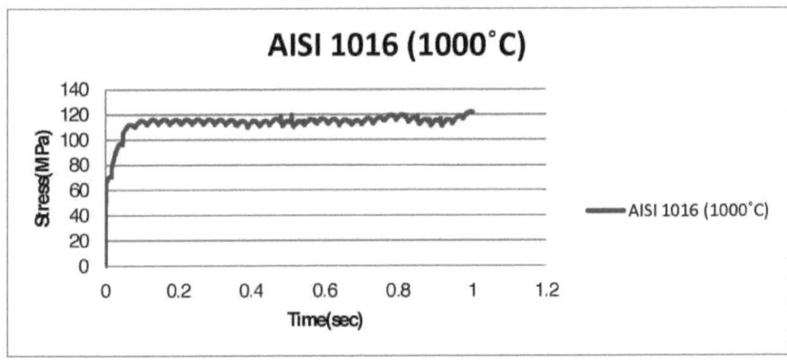

Fig.5.22-Distribuição eficaz das tensões (AISI 1016 a 1000°C)

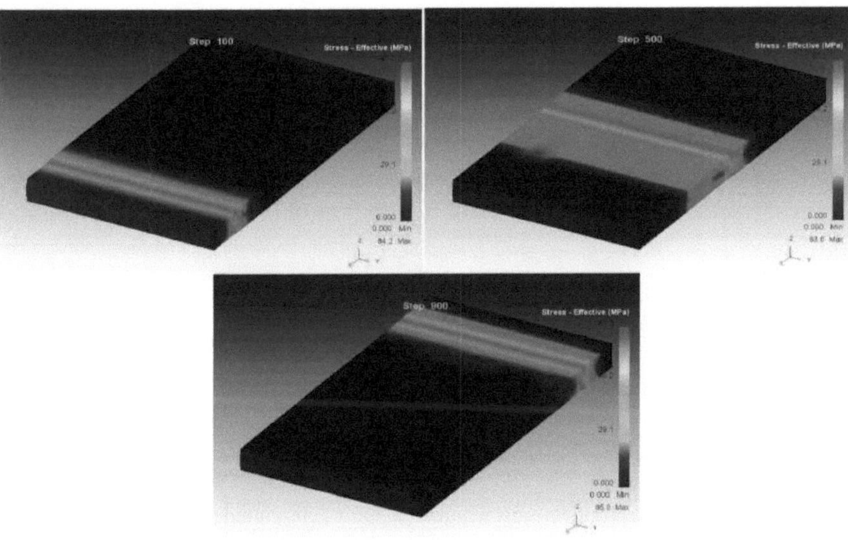

Fig.5.23 representa 100th , 500th e 900th passos de distribuição de tensões efectivas para o grau AISI 1016 de aço a 1100°C e a fig.5.24 apresenta a distribuição de tensões efectivas sob forma gráfica.

Fig.5.23-Distribuição de tensão eficaz em torno da laje (AISI 1016 a 1100°C)
5.2.1.7 Comparação eficaz de tensões em aço grau AISI 1016 a 900°C, 1000°C e 1100°C

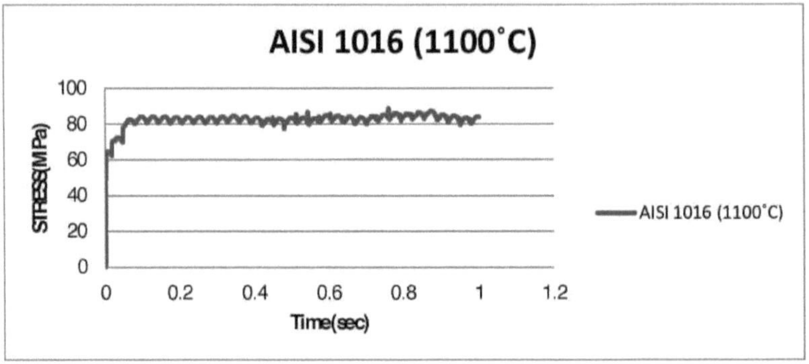

Fig.5.24-Distribuição eficaz das tensões (AISI 1016 a 1100°C)
5.2.1.8 Comparação eficaz de tensões em aço grau AISI 1016 a 900°C, 1000°C e 1100°C

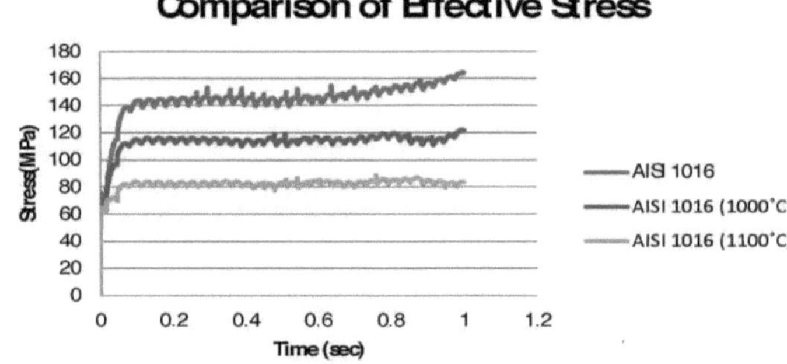

Fig 5.25 Comparação da tensão eficaz do aço AISI 1016 a 900°C, 1000°C & 1100°C

Após comparação de três graus de aço diferentes, descobrimos que a tensão efectiva é inferior à tensão de ruptura; indicou que a fenda do perímetro não ocorrerá através do processo de laminagem plana no estudo actual. Os resultados também mostram que quando a Temperatura aumenta, então a tensão efectiva diminui.

5.2.2 Distribuição eficaz da tensão

Figura 5.26, 5.28, 5.30 representa a distribuição de tensão eficaz do aço de grau AISI 1016 a três temperaturas diferentes a 900°C, 1000°C e 1100°C. A relação de redução de laminagem para o processo de laminagem plana é de 9% (de $h_{i=250mm}$ laminado a $h_o = 225mm$). A tensão mínima efectiva está no centro da laje e a tensão máxima efectiva está na extremidade do canto da laje. Das Figuras 5.25, 5.26 e 5.27, verifica-se que a deformação no processo de laminagem plana é não homogénea.

5.2.2.1 Distribuição eficaz de tensão para grau de aço AISI 1016 a 900°C

Fig.5.26 representa 100th , 500th e 900th passos de distribuição de deformação eficaz para a classe AISI 1016 de aço a 900°C e a fig.5.27 apresenta a distribuição de deformação eficaz em forma gráfica.

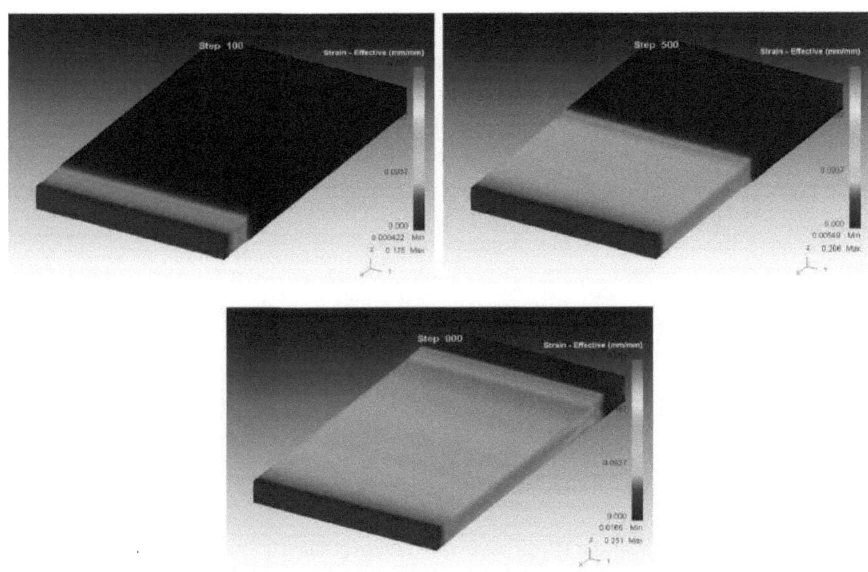

Fig.5.26-Distribuição de tensão eficaz em torno da laje (900°C)

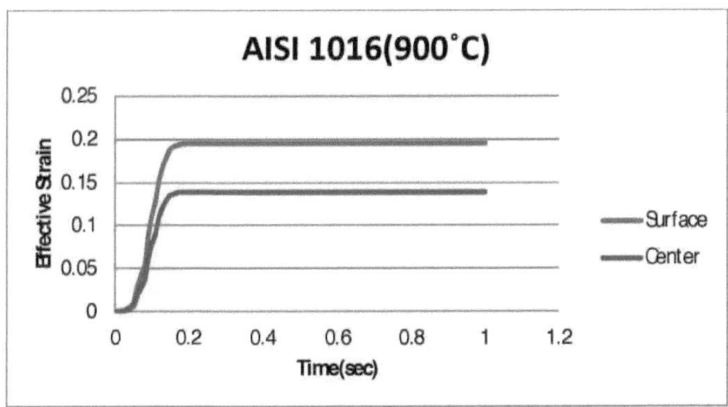

Fig.5.27-Distribuição eficaz da tensão (AISI 1016 a 900°C)

Fig.5.28 representa 100th , 500th e 900th passos de distribuição de deformação eficaz para a qualidade AISI 1016 de aço a 1000°C e a fig.5.29 apresenta a distribuição de deformação eficaz em forma gráfica.

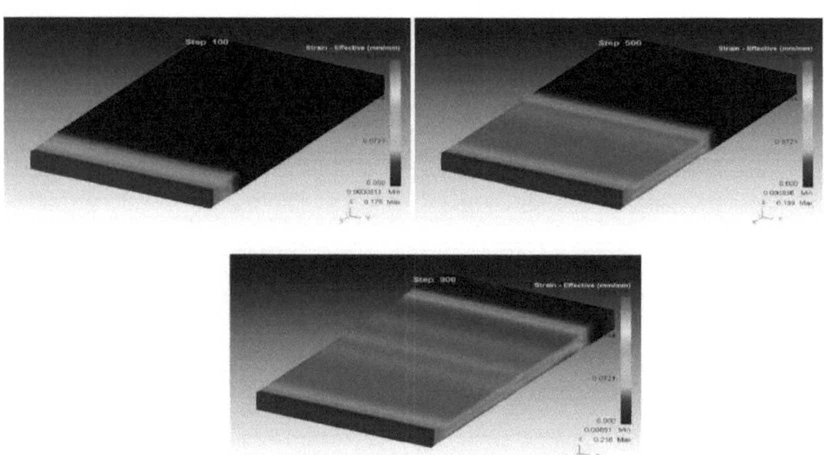

Fig.5.28-Distribuição de tensão eficaz em torno da laje (1000°C)

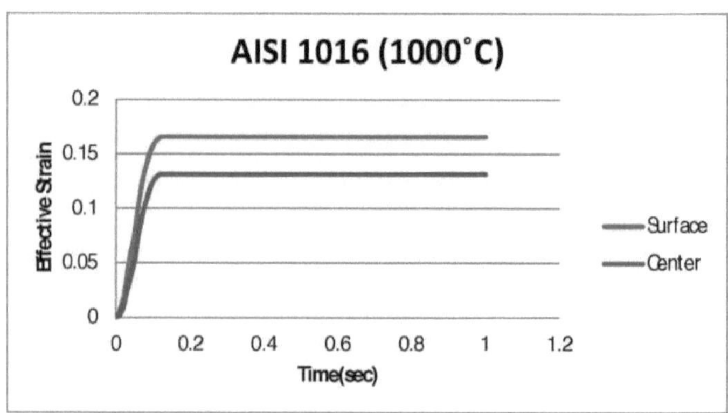

Fig.5.29-Distribuição eficaz da tensão (AISI 1016 a 1000°C)

5.2.2.*3* Distribuição eficaz de tensão para aço AISI 1016 a 1100°C

Fig.5.30 representa 100th , 500th e 900th passos de distribuição de tensão eficaz para a classe AISI 1016 de aço a 1100°C e fig.5.31 apresenta a distribuição de tensão eficaz em forma gráfica.

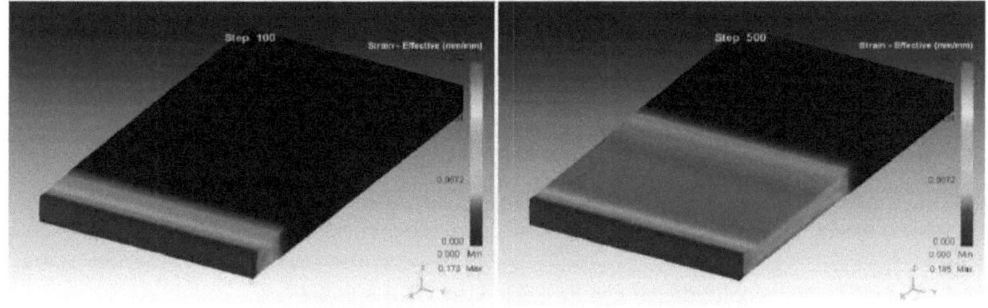

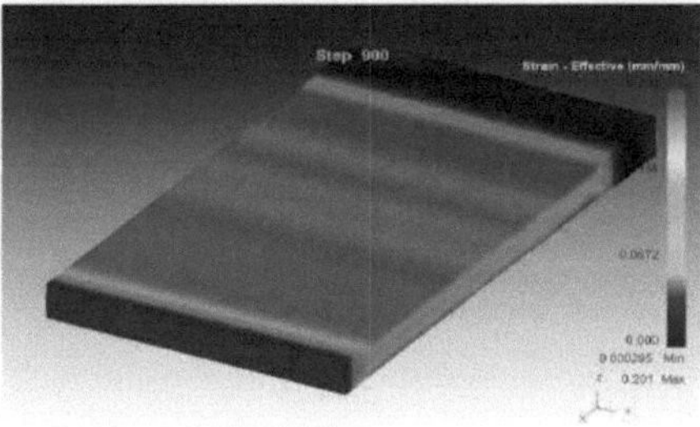

Fig.5.30-Distribuição de tensão eficaz em torno da laje (1100°C)

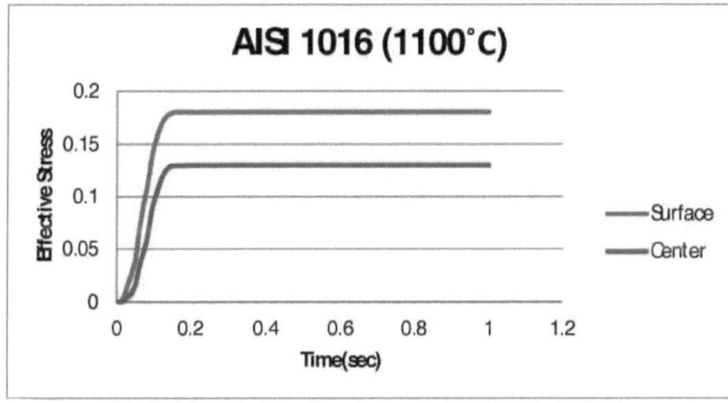

Fig.5.31-Distribuição eficaz da tensão (AISI 1016 a 1100°C)

Fig.5.27, 5.29 e 5.31 representa a distribuição eficaz de tensão de aço AISI 1016 a três temperaturas diferentes 900°C, 1000°C e 1100°C no centro e superfície da laje. Após comparação de três tipos de aço diferentes, descobrimos que a deformação no processo de laminagem plana é não homogénea e a deformação mínima efectiva está no centro da laje e a deformação máxima efectiva está na superfície da laje.

5.2.3 Variação da velocidade durante a laminagem

As figuras 5.32, 5.33 e 5.34 mostram a variação da velocidade do aço de grau AISI 1016 a três temperaturas diferentes 900°C, 1000°C e 1100°C durante o processo de laminagem plana a quente.

5.2.3.1 Variação de velocidade em aço de grau AISI 1016 a 900°C

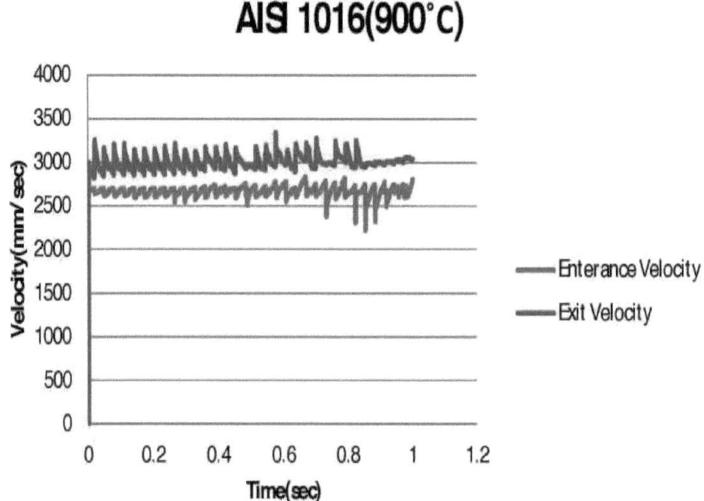

Fig.5.32- variação de elocidade em aço de grau AISI 1016 a 900°C

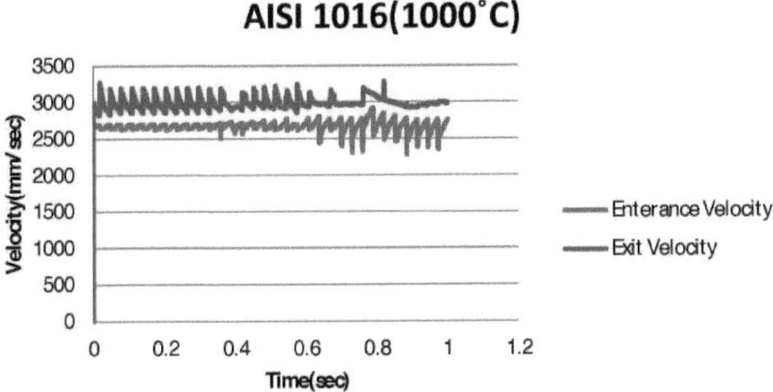

Fig.5.33- variação da velocidade do aço de grau AISI 1016 a 1000°C

5.2.3.3 Variação de velocidade em aço de grau AISI 1016 a 1100°C

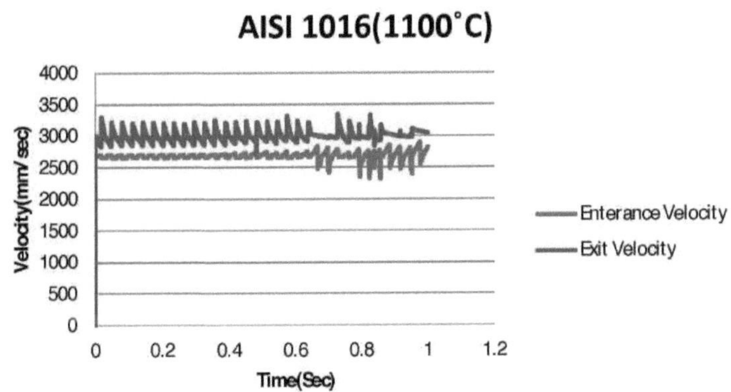

Fig.5.34-Velocidade de variação em aço de grau AISI 1016 a 1100°C

No processo de laminagem, a velocidade mínima e máxima estão à entrada e à saída dos rolos. Neste caso, a velocidade de entrada é de 2700mm/seg. Durante o processo de laminagem, o fluxo volumétrico é constante e a espessura reduz 250mm para 225mm. Assim, a velocidade de saída é de 3000mm/seg. figuras 5.32, 5.33, 5.34 representam a variação da velocidade devido à força de separação dos rolos, a deflexão dos rolos e o estiramento do laminador de rolos, a variação da velocidade tem lugar num gráfico.

5.3 Validação do modelo simulado

Para validar o modelo simulado, é necessário comparar os resultados previstos obtidos pelo pacote de elementos finitos DEFORM-3D com outros resultados previstos por modelos analíticos.

5.3.1 Validar resultados de tensão eficazes

O modelo desenvolvido nesta investigação é validado através da comparação das previsões do modelo com os resultados experimentais e teóricos de ZENG Ben et al. [27]. Em duan um modelo Sheppard [28] também ocorre a mesma tendência gráfica de distribuição de estirpes durante o processo de rolo quente.

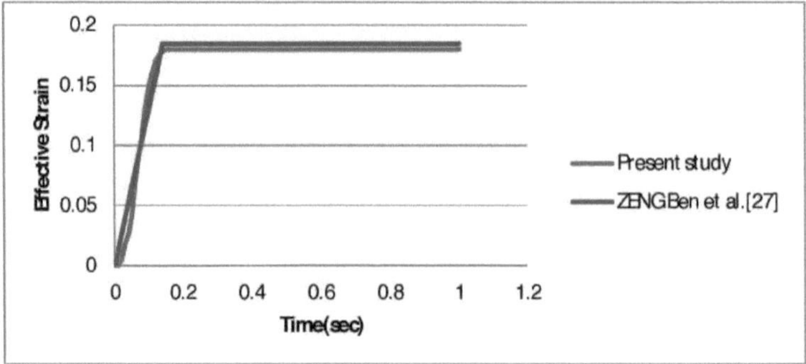

Fig.5.35 Tensão de validação do passe de rolamento no ponto de superfície

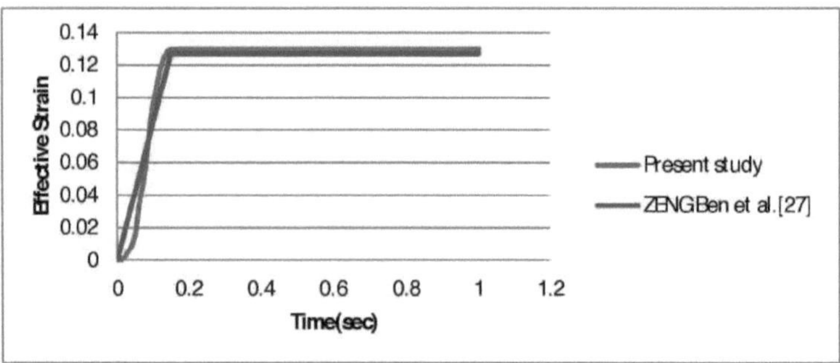

Fig.5.36 Tensão de validação do passe de rolamento no ponto central

As figuras 5.35 e 5.36 validam a tensão eficaz à superfície e centro do modelo FEM simulado com modelo apresentado por ZENG Ben et al. [27] com aproximadamente 2% no centro e 3% no erro de superfície.

5.3.2 Validar resultados efectivos de stress

O stress efectivo foi validado com o modelo apresentado por ZENG Ben et al. [27] com erro aproximado de 6 %.

5.3.3 Validar a variação da velocidade durante a laminagem

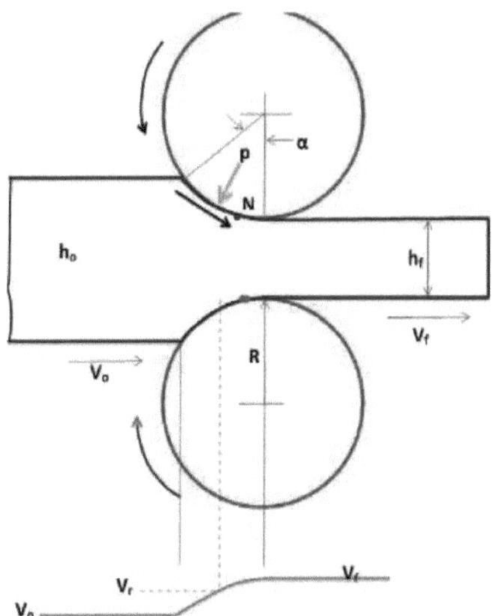

Fig.5.43-Velocidade de variação no processo de laminagem

A partir do diagrama acima, notamos que a velocidade da tira aumenta de v_o para v_f à medida que passa através dos rolos. Este aumento de velocidade ocorre a fim de satisfazer o princípio da constância do volume do boleto durante o processo de deformação.

Caudal de volume antes de Rolar = Caudal de volume depois de Rolar

$$h_o w_o V_o = h_f w_f V_f$$

h_o e h_f são a espessura inicial e final da laje(h_o=250mm & h_f=225mm) w é a largura da laje(wo=wf=w=constante durante a laminagem)

vo e vf são a velocidade de entrada e saída durante a rolagem (vo=2700mm/seg)

Após o cálculo, obtemos,

$$V_f=3000mm/sec$$

Após o cálculo, a velocidade de entrada e saída da laje é de 2700 e 3000, respectivamente.

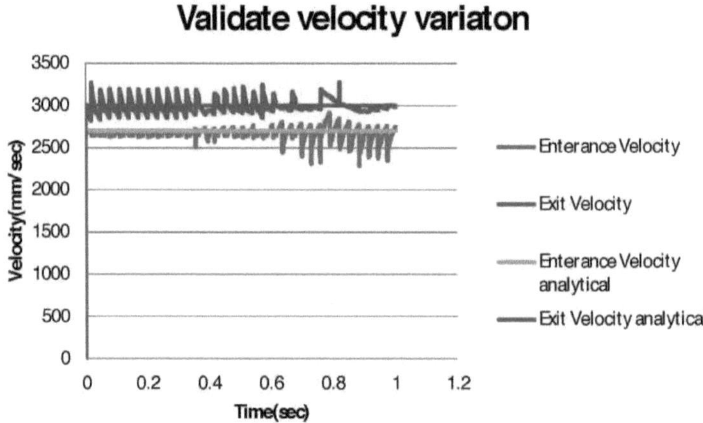

Fig.5.37 Validar a variação da velocidade

A Figura 5.37 mostra a comparação de resultados analíticos e simulados. O resultado analítico mostra que a velocidade de entrada e saída da laje é de 2700 mm/seg e 3000 mm/seg (constante) respectivamente. Mas, num resultado simulado, a velocidade é flutuante devido à força de separação do rolo e à diferença de temperatura.

O resultado validado da investigação anterior e o modelo analítico podem ser resumidos numa tabela...

Tabela 5.3-Validação do modelo simulado

	Resultados simulados	Resultados validados	Fonte de validação
Tensão efectiva (AISI 1016, 1100°C)	78MPa	83MPa	ZENG Ben et al.[27]
Tensão efectiva à superfície (AISI 1016, 1100°C)	0.179869	0.18472	ZENG Ben et al.[27] e duan e Sheppard [28]

Tensão efectiva no Centro (AISI 1016, 1100°C)	0.129775	0.1269	ZENG Ben et al.[27] e duan e Sheppard [28]
Velocidade à entrada	2664 mm/seg (média)	2700 mm/seg	Modelo analítico
Velocidade à Saída	3002 mm/seg (média)	3000 mm/seg.	Modelo analítico

5.4 Sistema de controlo de planicidade

O sistema de controlo hidráulico automático HAGC é definido como um sistema de controlo de equipamento de moinho de condicionamento de linha para assegurar a espessura dos produtos laminados de modo a cumprir as tolerâncias alvo. Todo o moinho em stand by (moinho de desbaste e moinho de acabamento) equipado com tempo de reacção curto, repetição do cilindro hidráulico de curso longo e posicionamento de alta precisão (sem parafuso de pressão), espessura da tira pode atingir alta precisão. Depois de utilizar um cilindro hidráulico de curso longo, pode melhorar significativamente a precisão de controlo e a capacidade de resposta dinâmica, e utilizando significativamente o sistema HAGC.

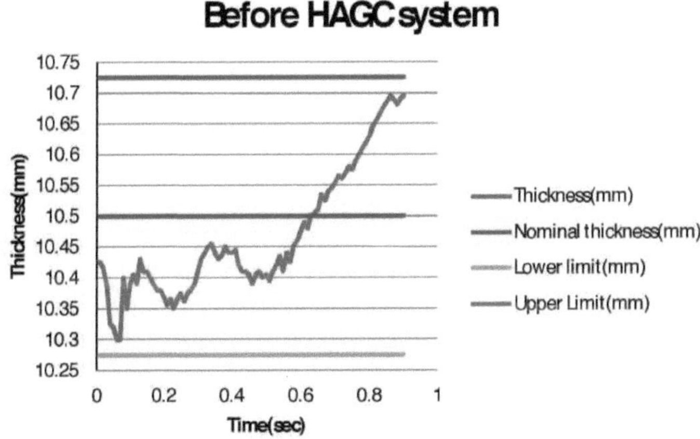

Fig.5.38 (a)-Gráfico de espessura antes do HAGC

Quando o sistema HAGC é utilizado, então o produto de menor saída é rejeitado devido ao perfil e espessura desiguais. O sistema HAGC melhora a eficiência da produção do laminador. A figura 5.38 mostra a variação de espessura quando o sistema HAGC é utilizado.

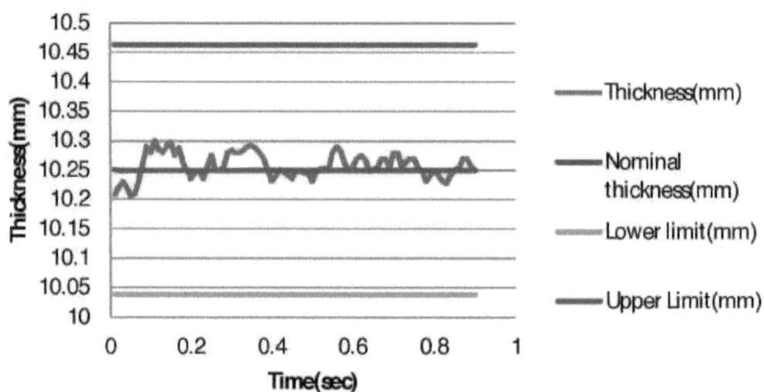

Fig.5.38 (b)-Gráfico de espessura após HAGC

Fig.5.38 Comparação de espessuras antes e depois do HAGC

O sistema HAGC está a melhorar o perfil do produto de saída. Comparando ambos os gráficos, obtemos o seguinte resultado.

1. O Sistema HAGC reduz a variação de espessura da placa ao longo do comprimento.
2. O perfil da placa é controlado por sistema PLC (controlador lógico programável). Assim, o processo é muito dependente da habilidade dos operadores.
3. A rejeição do produto de saída é reduzida devido ao mau perfil

Tabela 5.4 - Antes e depois do HAGC

Descrição	Antes do HAGC	Depois do HAGC
Espessura	Variação na espessura da placa ao longo do comprimento em meio frio, bem como placas marcadas por derrapagem	Sem variação na espessura da placa ao longo do comprimento a meio frio, bem como placas marcadas por derrapagem
Controlo do perfil da placa	Nenhuma facilidade	Sistema PLC para controlar o perfil da placa
Edger	Necessário para controlar o perfil	Nenhum requisito
Dependente da habilidade do operador	Muito dependente	Menos dependente

Desenvolvimento de Competências para novo Operador (Formação)	Difícil e demorado	Fácil e rápido
Rejeição de produtos	Mais	Menos
Material utilizado (%)	Menos (89%)	Mais (91%)

Capítulo-6
CONCLUSÕES & ÂMBITO FUTURO

6.1 Sistema de controlo de planicidade

Para uma melhor planicidade do produto de saída é utilizado o Sistema de Controlo Automático de Medidor Hidráulico (HAGC). Ao utilizar HAGC

1. Satisfazer as necessidades de aço de alta qualidade.
2. Reduzir a percentagem de sucata de aço.
3. Melhorar rapidamente a eficiência produtiva.
4. A espessura do produto de saída é melhorada.
5. Reduzir a taxa de falhas; encurtar o custo do tempo para falhas claras de cada vez.
6. O produto de menor produção é rejeitado devido à espessura irregular.
7. A planicidade do produto é melhorada.

O estudo do sistema HAGC revelou muitos factos. Este sistema revelar-se-á muito útil na melhoria do processo de laminagem a quente. Este sistema irá aumentar a produtividade, a qualidade e o rendimento do laminador. Este sistema irá melhorar a capacidade do processo e dará um melhor controlo sobre parâmetros do processo como temperatura, força, velocidade do moinho, e % de redução.

O HAGC pode ser ainda mais personalizado de acordo com a necessidade do moinho, mas isso exigirá muita tempestade cerebral e muito trabalho árduo. Muitos procedimentos complexos precisam de ser simplificados.

Assim, pode-se concluir que o sistema HAGC que parece ser algo complexo durante o estudo, mas que é muito frutífero para laminadores a quente e que deve ser utilizado continuamente.

6.2 Análise de elementos finitos (DEFORM-3D)

Agora é necessário um dia mais e mais de alta qualidade dos produtos de aço para o desenvolvimento de maquinaria automóvel e industrial. Portanto, é necessário realizar experiências que são muito dispendiosas devido ao elevado custo da maquinaria. A fim de reduzir o custo e melhorar a eficiência da produção, a simulação numérica é amplamente utilizada para o processo de conformação e torna-se muito importante para a concepção e desenvolvimento industrial.

A técnica dos elementos finitos tem sido utilizada como uma ferramenta poderosa na modelação da conformação do metal e encontrou uma ampla âplicação nesta área, em particular, na laminagem plana de aço e alumínio. Utilizamos software baseado em elementos finitos DEFORM-3D é utilizado para simular a laminagem plana. Com o modelo simulado é fácil tornar claro o parâmetro do processo de laminagem, tal como a deformação, a eficácia da tensão, a eficácia da deformação e a variação da velocidade. Este modelo de simulação pode fornecer uma referência importante e uma optimização para tornar o processo de laminagem e o parâmetro na indústria siderúrgica.

A partir dos resultados da simulação, podemos obter a conclusão como:

1. Os resultados mostram que a tensão efectiva é inferior à tensão de ruptura; indicou que a fissura do perímetro não ocorrerá através do processo de laminagem plana no estudo actual.

2. Uma distribuição eficaz de tensão e tensão é um resultado muito importante para o desenho do rolo, especialmente para o rolamento de suporte do rolo.

3. A tensão efectiva depende dos vários parâmetros tais como a temperatura de laminagem, a velocidade de laminagem, o coeficiente de fricção, a composição do material, etc.

4. Os resultados mostram que quando a percentagem de carbono aumenta, então o stress efectivo aumenta (fig.5.8).

5. Os resultados mostram que quando a temperatura aumenta, o stress efectivo diminui (fig.5.25).

6. Os resultados mostram que existem distribuições de tensão não homogéneas com em amostras deformadas.

7. A velocidade de saída durante a laminagem depende da % de redução da laje.

6.3 Âmbito futuro

O presente trabalho inspirará os futuros investigadores e terá um vasto âmbito para explorar muitos aspectos dos processos de laminagem. Algumas recomendações para investigação futura incluem...

1. A simulação FEM pode ser analisada a diferentes parâmetros de rolamento, tais como coeficiente de atrito, velocidade de rolamento, dimensão diferente, etc.

2. A distribuição eficaz de tensões é um resultado útil para a concepção de rolamentos de roletes. Este resultado pode ser utilizado para a concepção de rolamentos de roletes.

3. Este método pode ser utilizado para analisar o processo de enrolamento da forma.

4. Este método pode ser alargado para optimizar o horário dos passes rolantes durante a concepção do passe rolante.

REFERÊNCIAS

[1]   http://www.sciencephoto.com

[2]   http://engineeringhut.blogspot.in

[3]   http://www.worldsteel.org

[4]   http://www.nptel.ac.in

[5]   Dr. Abdul Kareem Flaih Hassan et al. (2011), Three Dimensional Finite Element simulation of Flat Cold Rolling, Al-Qadisiya Journal For Engineering Sciences, Vol. 4, No.1.

[6]   HUANG Chang-qing et al. (2011), Numerical Simulation of Aluminum Alloy Hot Rolling using DEFORM-3D. IEEE International Conference on Computer science and Automation Engineering Vol. 3 of 4.

[7]   Wei-Shin Lin et al. (2008), Finite Element Simulation in Flat Rolling of Multi-Wire, Advanced Design and Manufacture to Gain a Competitive Edge pp 101-110.

[8]   Licheng Yang, Jinchen Ji, Jingxiang Hu, A. Romagos (2011), Effect of process parameters on mechanical behavior in hot-slab rolling, ISSN 1392 - 1207. MECHANIKA. 2011. 17(5): 474479

[9]   Shailendra Dwivedi et al. (2012), Estudo Paramétrico do Processo de Laminagem a Quente utilizando FEM. International Journal of Engineering Research and Applications (IJERA),Vol. 2, Issue 5, pp.1517-1522.

[10]   ZENG Ben, WU Jing, ZHANG Heng-hua (2011), Simulação Numérica da Força de Laminagem Multi-pass e Campo de Temperatura de Chapas de Aço durante a Laminagem a Quente. J. Shanghai Jiaotong Univ. (Sci.), 2011, 16(2): 141-144

[11]   Seyed Reza Motallebi, Amin Khalili Rad (2011) Investigação dos Parâmetros de Influência no Processo de Laminação a Quente Utilizando o Método dos Elementos Finitos. Journal of Materials Science and Engineering B 1 (2011) 332-338,

[12]   Krisna K. Saxena, Anand S. Shrivastava (2012), Study of Mechanisms Which Assist in Plate Rolling Operation. IJSAA Volume 2, Edição ICRASE12.

[13]   Weilong Hu, Z.R. Wang (2001), Theoretical analysis and experimental study to support the development of a more valuable roll-bending process. International Journal of Machine Tools & Manufacture Vol.41, pp.731-747

[14]   Yuheng Yin, Liwei Cao, Yuran Wang & Hang Fu (2013), Investigação e Concepção do Sistema Hidráulico AGC Modelo de Laminador a Frio. International Journal of u- and e- Service, Science and Technology Vol.6, No.5, 89-96

[15]   F.D. Fischer, W.E. Schreiner, E.A. Werner, C.G. Sund (2004), The temperature and stress fields

developing in rolls during hot rolling. Journal of Materials Processing Technology Vol. 150, pp.263-269.

[16] S. M. Hwang, C. G. Sun, S. R. Ryoo, W. J. Kwak (2002), An integrated FE process model for precision analysis of thermo-mechanical behaviors of rolls and strip in hot strip rolling. Informática. Métodos Aplic. Mech. Engrg. Vol.191,pp.4015-4033

[17] M raudensky, J Horsky e M Pohanka (2012), Refrigeradores óptimos de rolos em laminagem a quente. Jourmal of Materials Processing Technology Vol.125-126, pp.700-705

[18] Krisna K. Saxena, Anand S. Shrivastava (2012), Técnica de Medição da Largura da Laje utilizando Manipulador em Laminador de Chapas. Actas da Conferência Nacional sobre Tendências e Avanços na Engenharia Mecânica.

[19] Dong-Eun Lee (2011), Avaliação do Tempo Ideal de Residência num Forno de Reaquecimento a Quente. Academia Mundial de Ciência, Engenharia e Tecnologia.

[20] B.K. Chen, P.F. Thomson, S.K. Choi (1992), Temperature distribution in the roll-gap during hot flat rolling. Journal of Materials Processing Technology, Vol-30, pp.115-130.

[21] Kaixiang Peng (2013), Cálculo e Análise da Distribuição de Temperatura em Faixa de Laminação a Quente. TELKOMNIKA, Vol. 11, No. 7, pp. 3945 ~ 3956.

[22] C.H. Moon, Y. Lee (2012), The effects of rolling method changes on productivity in thick plate rolling process, Journal of Materials Processing Technology Vol. 210, pp.1844-1851.

[23] Wei-Hsin Chen , Mu-Rong Lin, e Tzong-Shyng Leu (2010) Optimal Heating and Energy Management for Slabs in Reheating Furnace. Journal of Marine Science and Technology, Vol. 18, No. 1, pp. 24-31.

[24] A. Hacquin, P. Montmitonnet e J.P. Guillerault (1994) Validação experimental de um Modelo de Deformação Elástica em Suporte Rolante. J. Mater. Processo. Tcchnol.Vol.45, pp.199-206.

[25] S. Serajzadeh (2006) Efeitos dos parâmetros de laminagem na distribuição da temperatura de laminagem a quente dos aços. Int J Adv Manuf Technol Vol.35,pp.859-866.

[26] Krisna K. Saxena, Anand S. Shrivastava (2012), Study of Mechanisms Which Assist in Plate Rolling Operation. IJSAA Volume 2, Edição ICRASE12.

[27] ZENG Ben, WU Jing, ZHANG Heng-hua (2011), Simulação Numérica da Força de Laminagem Multi-pass e Campo de Temperatura de Chapas de Aço durante a Laminagem a Quente. J. Shanghai Jiaotong Univ. (Sci.), 2011, 16(2): 141-144

[28] T Sheppard, X Duan(2002) Modelação da recristalização estática através da combinação de FEM com modelos empíricos. Journal of Material Processing Technology 130-131(2002) 250-253

[29] Beijing Ablyy Technology Development Co., Ltd.

[30] http://www.steeluniversity.org/

[31] Manual Deform-3D V-10 (Scientific Forming Technologies Corporation).

I want morebooks!

Buy your books fast and straightforward online - at one of world's fastest growing online book stores! Environmentally sound due to Print-on-Demand technologies.

Buy your books online at
www.morebooks.shop

Compre os seus livros mais rápido e diretamente na internet, em uma das livrarias on-line com o maior crescimento no mundo! Produção que protege o meio ambiente através das tecnologias de impressão sob demanda.

Compre os seus livros on-line em
www.morebooks.shop

Printed by Books on Demand GmbH, Norderstedt / Germany